人生新算法

用人工智能解读时间、幸运与财富

データの見えざる手

ウエアラブルセンサが明かす
人間・組織・社会の法則

［日］矢野和男——著

范欣欣——译

可穿戴的腕式传感器

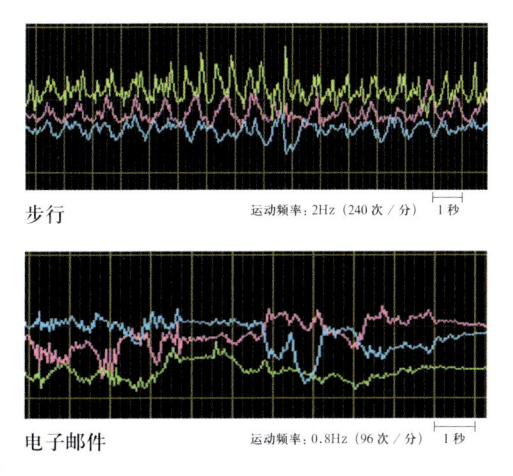

卷首插图1 可穿戴腕式传感器（生命显微镜）和测出的3轴加速度波形。步行时的运动是2Hz（240次/分），而写邮件时的运动以0.8Hz（96次/分）居多。

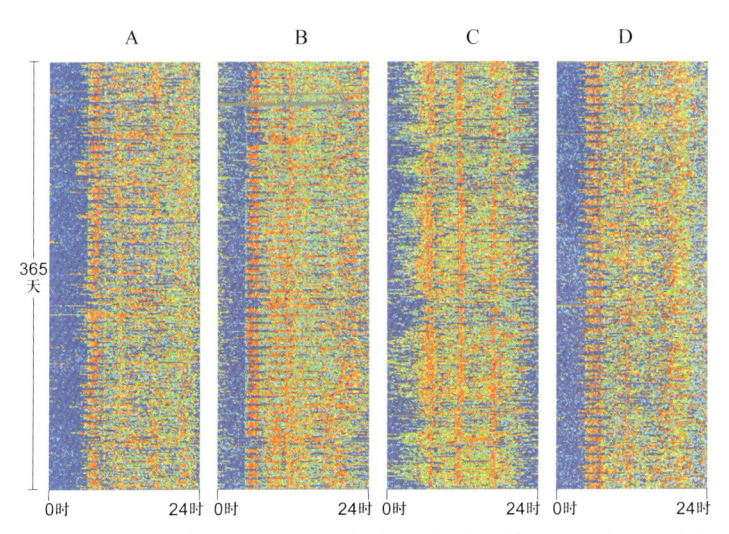

步行　　运动频率：2Hz（240次/分）　1秒

电子邮件　　运动频率：0.8Hz（96次/分）　1秒

A　B　C　D

365天

0时　24时　0时　24时　0时　24时　0时　24时

卷首插图2 生命织锦（Life Tapestry）（记录4个人1年间的运动情况）。用颜色表示可穿戴腕式传感器测出的运动活跃度。红色表示运动状态活跃，蓝色表示运动状态静止。据此我们可以清楚地知道，人们每天、每周的运动规律大为不同。

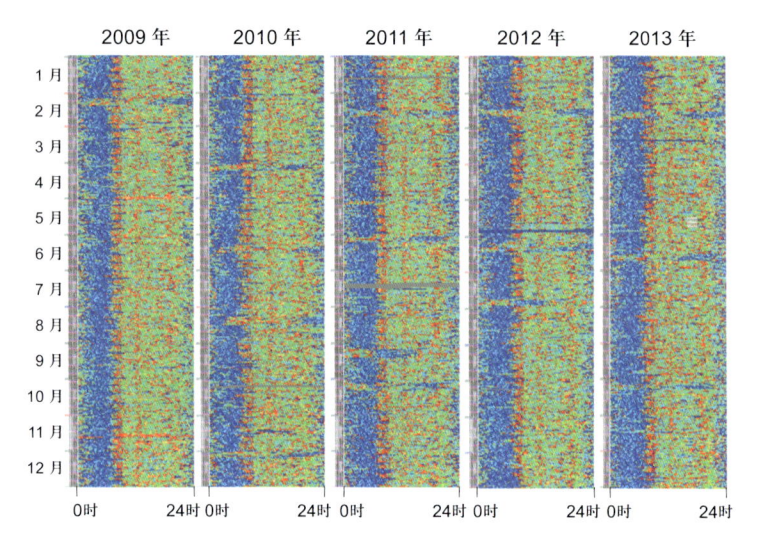

卷首插图 3 生命织锦（Life Tapestry）（记录笔者 5 年间的运动情况）。生活时段差别较大的地方，是受到了国外出差的时差影响。看一下图中运动多的地方、少的地方，就能以此为契机，想起自己那时做了什么。

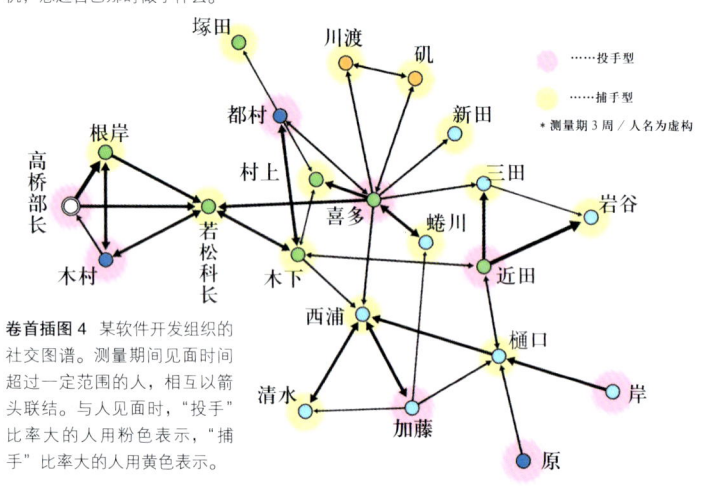

卷首插图 4 某软件开发组织的社交图谱。测量期间见面时间超过一定范围的人，相互以箭头联结。与人见面时，"投手"比率大的人用粉色表示，"捕手"比率大的人用黄色表示。

……投手型
……捕手型
* 测量期 3 周／人名为虚构

部门合并前（9月）
（5.9步）

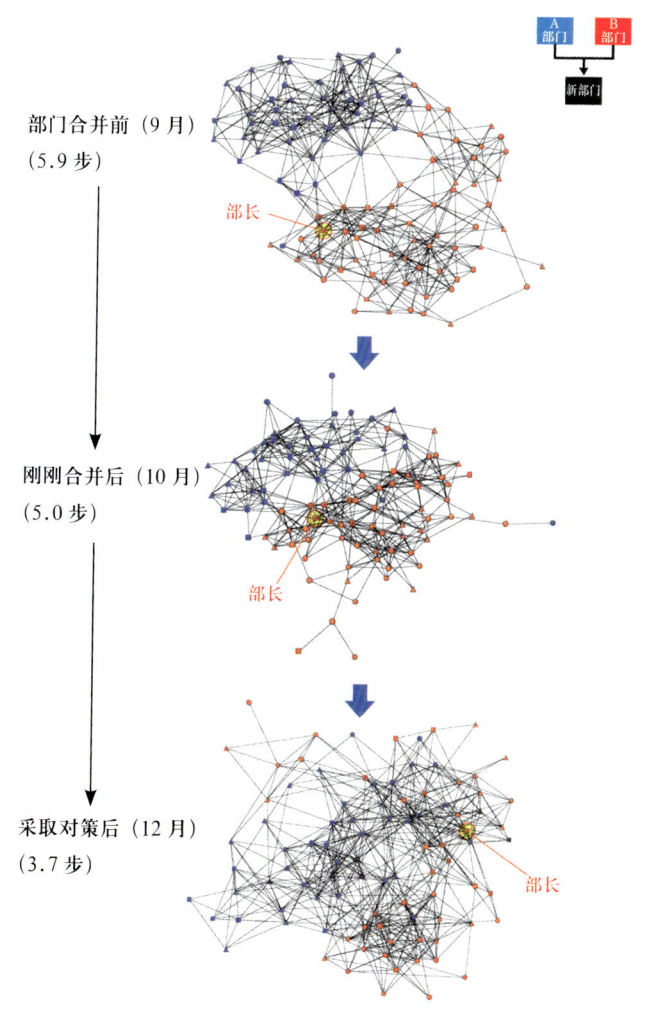

刚刚合并后（10月）
（5.0步）

采取对策后（12月）
（3.7步）

卷首插图5 两个组织（A部门和B部门）合并前后的社交图谱变化。在采取对策以促进合并的过程中，群体解散后的图谱变得密集，成员间的联系更加紧密了。部长到所有成员的步数指标，也从5.7步缩短到了3.7步。

店员在店内的移动路线（选取1名店员记录1天的运动情况）

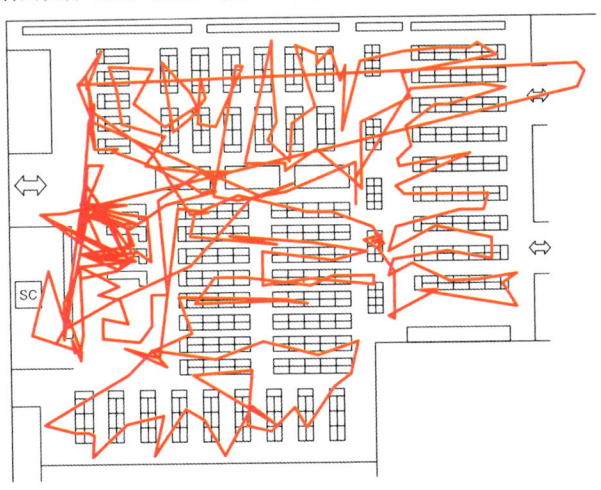

在进店1分8秒后顾客所处的位置（黄色记号）和选取的其中3名顾客的移动路线

卷首插图6 店员移动路线和顾客移动路线的测量结果。可穿戴式传感器与红外线定位设备Beacon相互感应，可以测出人在店内的具体位置。

前　言

2006年3月16日是一个分水岭，从那天起，笔者的人生发生了巨大的变化。

当时，我的研究团队正在研究传感器技术及其应用，该技术用于测量并记录人类行为和社会现象。其中一项研究是可穿戴式腕式传感器，它可以持续测量左手的运动。首部样机于2006年初开始试用。

该传感器最大的特点是能够24小时持续记录人类的行动。然而，没有人愿意作为实验的小白鼠，无死角地记录自己的生活。于是，身为研究组长的我自告奋勇地充当起了小白鼠。

从那天起，一天24小时，一年365天，过去整整8年里，我的左手腕上一直佩戴着记录左手运动的传感器。它1秒钟可以测量20次，经过日积月累，电脑中存储了详细的加速度数据。利用这些数据可以做出各种解析，比如在过去8年里，在睡觉的什么时候翻身了，什么时候集中精力工作了，等等。

短期数据仅仅代表了左手的运动，其意义微乎其微。但是，正如本书所要介绍的，我们花费了1周，1个月，1年、2年，经过测量得出很多人的数据，随着数据的不断累积，我们逐渐明白了这项技术的意义何其重大。

继腕式传感器之后，笔者的研究团队走在世界前沿，不断开发用于测量社会现象和人类行为的新传感器技术及其解析技术。在还没有"大数据"一词的年代，我们就已利用可穿戴式传感器测量社会现象和人类行为，并分析了大量的数据，据此发现了有关人类行为和社会现象的种种秘密，引领了世界的发展。本书对此项研究做出了全面的总结。

回顾历史我们会发现，大到宇宙小到生物，人类针对各种各样的自然现象，构建了以物理学为代表的定量而精密的科学体系，这成为推动20世纪社会与产业发展的巨大原动力。

然而，我们再看一下社会现象和人类行为就会发现，虽然社会科学等知识体系在不断发展，但是与物理学等定量而精密的硬科学相比，却依旧停留在定性的层面上。

利用上述传感器技术能够获取大量的数据，通过活用这些数据，我们可以确立针对社会现象和经济活动的定量硬科学体系，进而实现科学预测与调控。

并且，这不单单是科学知识，还直接关系到企业的利益。在本书中，笔者通过呼叫中心、店铺等具体事例告诉读者：基于测量数据来调控人类与社会，将为企业的业绩带来重大影响。

再者，与人类和社会相关的大量测量数据，可能会为我们揭晓人生中一些根本问题的答案，比如"如何提高幸福感""怎样拥有好运"等。

也许大家会认为它们是哲学和宗教问题，但本书将告诉大家，这类问题也可以从科学角度来解答。

如上所述，本书以从未在科学角度解读过的事物为对象，彻底地实践了科学的方法论。物理学的概念和工具一直用于研究自然法则，但出乎意料的是，它们还能在了解企业利益和人类共鸣方面发挥威力。这是迄今为止的书籍中从未涉及的内容，对其进行阐述正是本书的特色。

各大科学领域并非自古就存在。近百年来，人们扩大了科学的疆界，不断开辟新的领域。近十年间，在《自然》

和《科学》等一流科学杂志上,也开始出现利用定量数据研究人类行为和社会现象的论文。

从这个意义上来说,本书笔者以当事人的身份,真实生动地描绘出了正在推进的科学地平线。

同时,探讨如何以科学为依据来管理组织,也是本书的目的之一。其中还涉及一些管理方面的内容,希望能为每天与业务和组织管理做斗争的管理者和知识工作者带来一些启发。这两者能否共荣共存,全凭读者判断,但是如果本书能激发读者的思考,并为振兴日本经济带来些许启示的话,笔者将不胜荣幸。

2014 年 6 月
矢野和男

目 录

前 言 001

第1章 时间能否自由使用 001

1.1 人类行为有规律性吗 002
1.2 能否根据主观意志自由利用时间 004
1.3 支配万物的能量守恒定律同样适用于人类 006
1.4 通过"Life Tapestry"可以俯瞰人生 009
1.5 从胳膊的活动次数中发现惊人规律 013
1.6 递降分布统治社会之谜 018
1.7 反复移动就会出现U分布 021
1.8 我们在各个时间点之间调配"胳膊运动" 028
1.9 即使不知道微观状况也能预测宏观状况 032
1.10 时间的利用方法受到规律限制 035
1.11 "经常动的人"="有工作能力的人"吗 038

1.12　把握各频带的活动预算，充分利用所有频带 —— 041

1.13　没有干劲是因为活动预算用光了吗 —— 043

1.14　熵是什么？是表示杂乱的量吗？ —— 045

1.15　自由的牢狱——正因为自由人类才遵守
　　　规律 —— 049

1.16　人类活动的极限可以用热力学公式表示 —— 052

1.17　人的自由与限制 —— 056

第 2 章　测量幸福　061

2.1　能否用科技控制人类的幸福 —— 062

2.2　幸福的心理学——"积极心理学" —— 065

2.3　提升员工的幸福感有利于提高公司收益 —— 071

2.4　传感器可以测出幸福感 —— 074

2.5　解读行动中隐藏的符号 —— 082

2.6　休息时活跃的对话有助于提高生产力 —— 087

2.7　身体运动会传染，幸福也会 —— 095

2.8　身体运动活跃的职场的优点 —— 101

2.9　打造活力职场是一项重要经营项目 —— 105

2.10　我们也要考虑 IT 会降低生产力 107

2.11　通过幸福科技创造幸福指标 109

第 3 章　求"人类行为的方程式"　111

3.1　人类行为中存在方程式吗 112

3.2　方程式究竟是什么 115

3.3　与人的再次见面遵循普遍定律 118

3.4　以见面概率为基准思考，则时间的流逝各不相同 123

3.5　$1/T$ 定律也适用于回邮件等其他行为 125

3.6　行动持续越久越停不下来 129

3.7　$1/T$ 定律与 U 分布相同 131

3.8　记述人类行为的方程式 133

3.9　将主观概念转化为客观数值 137

3.10　测量最优体验 = 心流 143

第 4 章　认真面对运气　151

4.1　偶然是不可控的吗 152

4.2 运气源于与人的相遇 —— 156
4.3 将运气和相遇转化成理论和模型 —— 158
4.4 到达度真的是衡量运气好坏的指标吗 —— 162
4.5 运气好的人在组织中处于什么位置 —— 165
4.6 领导的指挥能力与现场的自律并不矛盾 —— 169
4.7 通过数值化,从语言的束缚中解放出来 —— 176
4.8 通过控制"到达度",成功实现组织整合,
防止开发延迟 —— 178
4.9 要想抓住运气,对话质量也很重要 —— 185
4.10 对话即为身体活动的投接球练习 —— 187
4.11 有关单向交流和双向交流的研究 —— 192
4.12 根据身体运动的测定值,可以明确定义对话的
质量指标 —— 196
4.13 从"运气也是实力的一种"到"运气
即实力" —— 201

第5章 撼动经济的新"无形之手" 205

5.1 社会能否科学化 —— 206

5.2 从科学角度来看，不知"买"为何物 —— 207

5.3 如何从科学角度解读经济活动 —— 209

5.4 购买行为的全貌测量系统 —— 213

5.5 计算机 VS 人类，通过提高销售一决胜负 —— 218

5.6 学习型机器大显神威的时代 —— 222

5.7 人类的假说验证分析不能用于大数据 —— 225

5.8 学习型机器会提高人类"从过去学习的能力" —— 228

5.9 3 种人工智能 —— 234

5.10 通过大数据获取利益的 3 项原则 —— 237

5.11 学习型机器可用于解决所有社会问题 —— 243

5.12 人类和工作将与机器共同进化 —— 245

5.13 人类应做之事与不必做之事 —— 252

5.14 新的"无形之手"将为世界带来新的"财富" —— 255

第 6 章 社会和人生的科学将带来什么 261

6.1 在濑户内海的直岛描绘未来 —— 262

6.2 以社会为对象的科学迅速发展 ———————— 264

6.3 将服务与科学融为一体的数据呈指数增长 ——— 266

6.4 重大挑战"直岛宣言" ——————————— 269

6.5 直岛宣言 ——————————————————— 270

6.6 总结——人类旺盛的生命力 ————————— 278

后　记　279

参考文献　287

出版后记　291

第 1 章

时间能否自由使用

1.1 人类行为有规律性吗

在本书开篇请先思考一个问题：人类的行动中存在科学规律吗？我想问的是，你的行动是否遵守了某种科学规律。之所以这么问，是因为这个问题的答案，与能否使用大数据科学调控社会现象及经济息息相关。

迄今为止，从宇宙的起源到物质的结构，人类都是依靠科学来理解世界的。很多时候，进步的契机就是新测量数据的获取。

我们之所以相信宇宙是有起源的——"宇宙大爆炸理论"，相信微观世界的1个电子能同时存在于不同的地方——"量子力学"，是得益于数据，这些数据分别源自能在宇宙中检测出微弱电波的天线和能检测出单个电子的测量器。

近年来我们获取了大量有关人类与社会行动的数据，从而使发现与人类相关的新科学和科学规律的可能性大大增加。从有关人类与社会的大量数据中可以推导出规律，并且人们期待着能够利用这些规律，进一步为社会提供正确导向，为经济带来巨大活力。

　　但是，另一方面，我又有想要否定这一点的冲动。人，难道不可以通过其每时每刻自由的意志与思想，随心所欲地行动吗？难道不可以仅根据自己的意志和喜好来约束行动，而不受规律之类的限制吗？如果真是这样，那么即使我们握有大量的数据，也只不过是对过去的记录，不会直接对未来发挥作用。

　　人类和社会中，到底有没有普遍的规律呢？面对大量人与社会的相关数据，采取的立场不同（是否认为有普遍规律），对事物的看法就会截然不同。因此，我想先讨论一下这个前提。

1.2 能否根据主观意志自由利用时间

在讨论人类的行动是否存在规律之前,本章将首先聚焦于人类如何利用时间。也就是说,我们想重点探讨一下,人是按照主观意志自由决定如何利用时间的,还是在某些规律的限制下利用时间的。之所以要重点探讨这一点,是因为有时在工作和个人生活中,如何利用时间是头等大事。后面也会讲到,我们利用传感器技术得到了有关人类如何利用时间的大量数据,从中找到了这个问题的答案。

古往今来,很多思想家都论述了有效利用时间的重要性,笔者本人就受到了 19 世纪瑞士的哲学家卡尔·希尔逖的影响。他在其著作《幸福论》中,用整整 1 章介绍了使用时间的方法。而在现代,史蒂芬·柯维在其畅销作《高效能人士的 7 个习惯》中,用 1 章的篇幅阐述了时间管理的问题;管理学的泰斗彼得·德鲁克也在其著作《卓有成效的管理者》中论述,要想成为高效的管理者,最重要的是分析并改善自己利用时间的方法。除此之外,在每年各种各样的文章和书籍中，如何利用时间的问题一直被反反复复地讨论着。

就这样，人们逐渐认识到时间利用问题的重要性，但也仅限于幸福论和自我管理的范畴，并没有将其作为科学研究的对象。各位读者朋友也是这么认为的吧。

但是，我在这一章的论述恰恰否定了上述内容。今天你在哪方面使用了时间，其实不是随心所欲的，而是在无意识中受到了科学规律的制约。

假设今天你想做 3 件事，想必很多人会在这一天开始之前，列出 To do 清单吧。可能你会认为，在这 3 件事上分别花费多少时间，可以由主观意志决定。

然而，从后面将要介绍的科学规律来看，你并不能随心所欲地使用时间。即使你想要随心所欲，并为此做好了计划，实际也不会按计划进行。如果你回顾一下自己的亲身经历，就会发现有不少这样的情况。当你了解了本章所述的科学规律，就能够理解是什么造成了计划无法照实推进。此外，我还想告诉大家：我们可以依据这一规律，科学地调控自己的时间。

1.3 支配万物的能量守恒定律同样适用于人类

科学分为各种各样的领域，在诸多领域中都存在记述各种现象的基本方程式。

以物理学为例，物体的运动遵守牛顿方程，电磁学现象遵守麦克斯韦方程，量子现象遵守薛定谔方程。想必很多人都听说过这些名词。

但是很少有人知道，这些表示物理现象的方程式说的都是同一件事。实际上，这些方程式都是从守恒定律，也就是从可以保存能量和电荷等的规律中派生出来的。

恐怕没有人能顺畅地写出这些方程式，但是，如果我们知道物体运动、电磁和量子的能量是用什么公式表达的（实际上这些都能用简单的式子表示出来），就可以当场导出这些方程式。

这些方程式是自然法则的基础，如果它们都是从守恒定律，尤其是能量守恒定律中派生出来的，那么毫无疑问，

"能量"的概念才是科学理解自然现象的核心。

事实上,"能量"改头换面,与利用时间的方法产生了联系。一天中可以使用的总能量及其分配方法受到规律的限制,因而你无法按照自己的主观意志自由地使用时间。

在你周围发生的所有现象和变化,都需要能量。能量以各种各样的形态蓄积起来,与所有现象都相关。不仅有原子能、化学能量,还有热能、电能等。

从表面来看,宇宙也好,地球也好,都时刻处于变化之中。虽然能量的形式千变万化,但其总量是一定的,既不会增加也不会减少。

那么,世界为什么会变化呢?我们看见的所有变化,实际上都是从一种能量到另一种能量的转化。例如,苹果从树上掉下来时,苹果的重力转化成了苹果的动能,但是其总能量没有丝毫的变化。也就是说,发生变化的是能量的分配。

相反,只要改变了能量分配,就一定会产生变化。例如,不给低处的物体施加力量,它就不会自动升到高处。因为从低处升到高处需要新能量的产生,而不改变能量分配就无法实现这种变化。从能量分配的观点来看，我们可以用科学明确"能发生"和"不能发生"的事情。

这300年的物理学历史，归根到底是一句话：所有自然现象都可以用能量分配这个统一的原理来说明。

如果将人类作为研究对象，情况就复杂了。因为人类有意志、有想法、有情感，这些都会对行动产生影响。明明自然的变化源于能量分配的变化，难道有什么特殊情况能让人类搞特殊化，脱离能量分配原理的限制吗？

1.4 通过"Life Tapestry"可以俯瞰人生

下面介绍一下我们做的实验。

目前我们已经可以使用最新技术,以毫秒为单位测量并记录人类24小时的行动,包括身体运动、与人见面和位置信息等。这10年来,笔者一直致力于开发这种测量技术,并利用该技术来获取数据。

这里的实验使用的是腕式可穿戴传感器(称作"生命显微镜"[1]),可以用加速度传感器测量并记录胳膊的运动(卷首插图1)。高精度的加速度传感器可以每50毫秒测量一次(每秒20次),连胳膊的微小动作也能捕捉到,并将其作为加速度(由于测量的是空间中的3个方向,因此有3个量)记录在存储器中,即使不充电也能连续运转两周左右。我们使用该可穿戴式传感器,分别对12名实验者的胳膊运动进行了4周的测量,一共记录了长达9,000个小时的数据。

所有人类行为都伴随着胳膊的运动,所以该传感器测量并记录胳膊的运动,可以说能够反映人类的生活。简单来说,人睡觉的时候胳膊是静止的,只有翻身的时候胳膊才会动。人醒着的时候,几乎不会静止不动。看一下加速度的记录,什么时候睡觉什么时候醒着便一目了然。

现在为了简单起见,我们只关注胳膊1分钟动几次。从人1天的平均活动次数来看,醒着时,胳膊1分钟平均运动80次;走路时,胳膊1分钟运动240次。相反地,在电脑前浏览网页时,运动次数下降到1分钟50次以下。总之有这样一个特点:不管是什么行为,胳膊在1分钟内都会动几次。

在意识到上述运动特点的基础上,再来看自己胳膊的运动记录,就能很清楚地想起,过去的每时每刻自己都在做什么。如果长期持续记录的话,就可以像看画卷一样,对自己的人生一览无遗。我们用一幅名为"生命织锦"(Life Tapestry)的图来表示24小时的行动:运动活跃时用红色表示,运动较少时用蓝色表示,运动不多不少时用灰色表示。"Tapestry"是织锦的意思,而我们每个人的生活,就像一幅织锦。

我们看一下实际数据（卷首插图2）。如图所示，我们可以通过Life Tapestry俯瞰4名实验者一天24小时、一年365天的生活。能如此这般地俯瞰人生，不失为一种新鲜的体验。实际上，我从2006年3月起，每天都24个小时戴着这个生命显微镜（洗澡和游泳时除外），持续测量胳膊的运动，至今已超过8年。现在我把自己的部分人生也一并展示给大家（卷首插图3）。从图中可以看出，我生活的时间段每年都有几次大的变化。这是因为当时我身在国外，存在时差。

我们可以一目了然地看到，生活模式因人而异。蓝色表示的是几乎没有运动的睡眠时间，有的人每天都很规律，也有人随心所欲，毫无规律可言。每个人的情况都不同，比如性格的差异，工作和家庭情况的差异等，都会让生活模式多种多样。

我们还可得知，时段不同，活动也不相同。在Life Tapestry上，红线几乎覆盖了每天早、中、晚3个时刻，这表示他们每天都在重复早上上班、中午休息、晚上下班等3

项活动。此外，也有从动作少的蓝色过渡到绿色的时段。前面也提到过，如果是在电脑前安静地浏览网页，或者在会议上静静地听取他人的发言（或者睡觉），运动就会减少，颜色将由绿色转为蓝色。

综上所述，每个人的活动方式是不相同的，即便是同一个人，每天、每个时段也在进行各种各样的活动。但想必大家会认为，在一天的某个时间采取的某种行动，是根据自己的意志和喜好决定的。

1.5 从胳膊的活动次数中发现惊人规律

真的是这样吗？为了对此进行确认，我们试着用Life Tapestry之外的方法来呈现数据。我们以12名实验者为对象，统计了2周的胳膊运动数据。如图所示，在一定范围内，数据呈直线分布（图1-1）[2]。

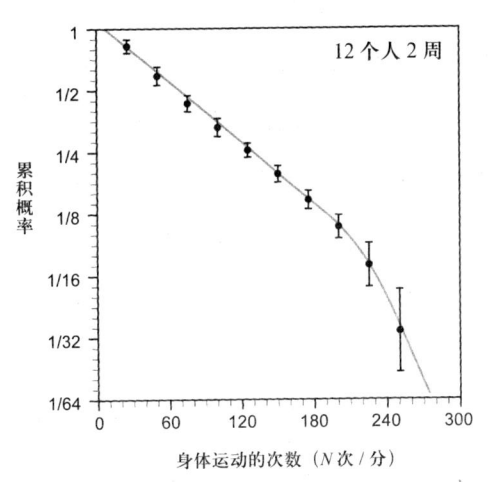

图1-1 平均每分钟身体运动的次数（N）的分布（12个人的活动次数×2周的数据）。纵轴表示累积概率，是由N次以上的身体运动的累计观测时间除以观测总时间得出的。睡觉等身体不活动的时候不进行测量。由于线的倾斜度因人而异，所以结合不同的倾斜度将累积概率进行了规则化。纵轴上表示的1/2、1/4等是人们的平均情况。一般用$1/a$、$1/a^2$等表示，a根据每个人、每一天的不同，在1.5～3的范围内变化。平均值为$a=2$。

该分布图中，横轴表示平均每分钟的活动次数（N次/分），纵轴表示对测量期（2周）内超过N次的激烈运动进行观测的比率（N次以上的激烈运动的累计观测时间除以观测总时间），这一比率称为"累积概率"。累积概率在纵轴上表示观测到N次以上的运动的概率。例如，横轴数值为200，纵轴数值为1/8，就表示每分钟200次以上的运动的观测概率是1/8。

图中，纵轴的刻度都是"对数"。刻度数值等距分布，为倍数关系。这样绘图是为了引出后面将介绍的"U分布"——一种人类行为和社会活动中常见的统计分布。这里的U是指Universal，即"普遍性"的英文首字母。当统计呈现U分布时，如果我们采用"半对数作图"进行绘制，图形就会呈直线，因此一目了然。这与数学上"指数分布"的特点相类似。

U分布是我们在广泛测量人类行为和社会行动时发现的。如您所见，人类胳膊的运动也呈U分布。简单来说，特点如下：如果测量期长（超过1天），那么低于50次/分的平稳运动多，激烈运动少。其降低趋势遵循指数函数（章末注1）。

这一倾向非常规律且典型。每分钟超过60次的运动占1天的一半（1/2）左右，但是，每分钟超过120次的运动会减少一半（1/4）。而每分钟超过180次的运动，会进一步减少一半（1/8）。如果把这种情况反映到图表中，那么在半对数线图中将呈现一条逐渐下降的直线。

在科学领域，物质中原子和分子的热能分布状况也与U分布相同。不管是空气还是水，世界上所有物质的原子都在热能的驱动下不停地运动。例如，空气中约有1/5的氧分子，这些氧分子在热能的作用下，分别朝不同的方向运动。这些运动不仅方向不同，速度也各不相同——既有高速运动的氧分子，也有低速运动的氧分子。如果横轴为氧分子（一般来说是分子和原子）的动能，即热能，纵轴为超过该热能数值的氧分子的频率（累积频率），结果仍会呈现相同形状的分布，从半对数线图来看还是一条直线。以热能为横轴的统计分布称为"玻尔兹曼分布"，这是一种决定了所有物质的热能性质的基本分布。

我们最近发现，若继续使用传感器测量并研究人类的身体运动，就会明白即便横轴不是原子的热能，而是各种有关社会现象的量，结果还是会呈现相同形状的分布。比如胳膊每分钟的活动次数、顾客在店铺的货架前停留的时间等。

令人惊讶的是，有关人类行为和社会现象的大量统计分布图都呈现这一形状。更让人感到意外的是，这种现象如此频繁多见，却没有人察觉。不仅是原子能领域，在人类行为和社会现象中也普遍存在这一分布规律，因此我们构建了这一规律的理论依据，并将该数理统计的分布命名为"U统计"。

有关胳膊运动的实验结果让人感到不可思议。我们测量并统计了一天内胳膊每分钟的活动次数后发现，结果与图1-1一样，是呈直线形的U分布。我们认为这也许是偶然现象，于是又在另一天进行了实验，结果还是呈现U分布。此外，我们还根据12名实验者的数据绘制了图表，结果发现他们每天的数据全部呈现U分布。鉴于结果太过神奇，我也调查了一下我自己的数据，可每天的结果仍然呈现完美的U分布。

再琢磨一下这其中的意义，我们会发现更加惊人的事实。被实验者都认为自己可以根据自己的意志和想法来决定行动，因此每个人发出的行动不同，其动作也各有特点。而这正与具有普遍性的 U 分布相矛盾。

举例来说，人在发言时的运动频率是 150 次 / 分，浏览网页时的运动频率是 30 次 / 分。如果人们按照自己的意志选择这一天何时采取何种行动，由于选择不同，呈现的分布规律应该也各不相同，因此不可能每天都呈现统一的 U 分布。更何况，每个人的工作不同，性格和年龄也不同。可神奇的是，人们都像被施了魔法一般，一天 24 小时都沿着 U 分布行动。

这简直像变魔术一样，不管怎么洗牌，最上面的一张都是黑桃 A。但是，现实的人生和世界不是魔术，没有什么机关窍门可言。到底是什么在无形之中引导着人类的行动呢？让我们再深入研究一下。

1.6 递降分布统治社会之谜

这种普遍性递降的统计分布是深入理解人类行为、社会及经济现象的关键。下面我将具体介绍一下这个重要的统计分布曲线。

在统计学中，以正态分布——"吊钟形"分布居多（图1-2）。其特点是，以平均值为中心，两侧（高于平均值和低于平均值）的曲线左右对称。

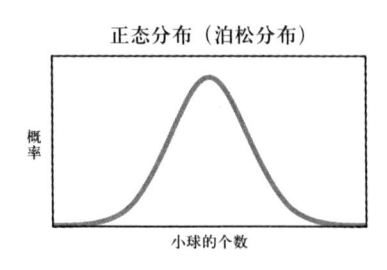

图 1-2 正态分布（泊松分布）和 U 分布的比较。正态分布呈吊钟形，以平均值为中心，两侧（高于平均值和低于平均值）的曲线左右对称。U 分布是逐渐下降的曲线分布。半对数线图则呈一条直线分布。

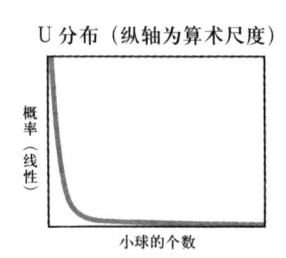

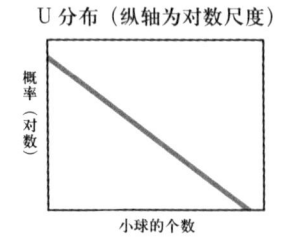

我们来举一个正态分布的实例。掷了几次骰子后，点数的平均值是多少？假设我们掷了 5 次骰子，点数依次为 3→5→1→6→1，那么 3+5+1+6+1=16，16÷5=3.2，平均值就是 3.2。如果我们反复掷多组，每组还是掷 5 次，虽然得出的平均值各不相同，但结果均以 3.5 为中心（骰子点数的平均值是 3.5）上下波动。这就是正态分布。掷 5 次骰子得到的平均值大多都接近 3.5，很少会出现像 1 或 6 这样偏离 3.5 的数值。因为想让平均值为 1，就必须每次都掷出点数 1，而这是极其偶然的情况。

在统计学的相关书籍中，很多书的内容都是以正态分布为前提的。想必许多人都认为，世界上大部分现象都可以用正态分布表示，其余的情况都是例外——"正态"这个名称本身就包含了这层意思。

但是，在现实社会中，大数据的统计分布大多为递降的 U 分布。在这一分布中，当变量为 0 时频率最高，随着变量的增大，频率会逐渐降低。并且，正态分布与 U 分布的形状差别很大，前者呈吊钟形，后者呈递降曲线（章末注 2）。

我们该如何理解这一现象？难道只是碰巧变成了一条递降曲线？我查阅了许多书籍和文献，都没有找到人类行为呈递降分布这一规律的原因。每次见到统计学和物理学界的学者，我都会问："为什么统计学中用正态分布进行研究，而物理现象用递降分布研究呢？"明明是基本的问题，却几乎没有人能回答上来（唯一明确回答我的，是巴西统计物理学界的权威康斯坦丁诺·查理斯教授。他的回答令我深受启发，在此也向他表示感谢）。很长一段时间以来，我的眼前仿佛烟雾弥漫，一片模糊。但是最近我通过模拟和解析，终于找出了让人心悦诚服的答案，眼前也顿时云开雾散，一片清明。

"反复之力"，是一种我们平时没有感知到的力量。通过研究，我渐渐看到了这种力量是如何撼动整个社会的。

1.7 反复移动就会出现 U 分布

大数据中常见的递降 U 分布的本质是什么？下面将用图像直观地进行介绍[3]。

首先，我们看一下由 30×30（900 个）的方格构成的网格图（图 1-3）。假设有 72,000 个小球，我们将其完全随机地放到图中[4]。

如果用电脑模拟实验，那么可以随机生成小球的位置。首先生成水平方向（x）和垂直方向（y）上 1~30 个随机数，然后把小球放在（x，y）的位置上。这样一来，一个方格中平均会有 80 个小球，80（个）×30（格）×30（格）= 72,000（个）。

这张网格代表了你的 1 天，每个方格代表 1 天中的 1 分钟。网格图中的方格总数是 900，假定 1 天有 900 分钟（15 小时）的活动时间，则方格总数与活动时间相对应。此外，方格中的小球个数代表胳膊 1 分钟的活动次数。每个方格中平均有 80 个小球，即假定胳膊 1 分钟平均活动 80

正态分布（泊松分布）

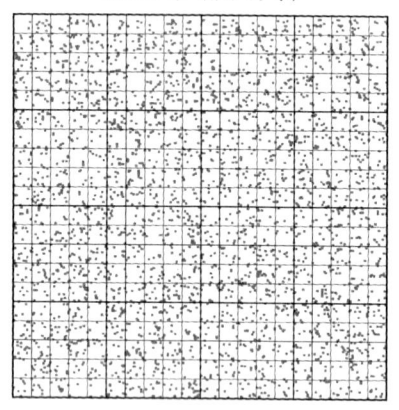

U 分布

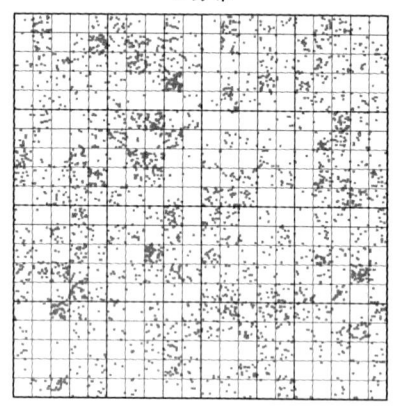

图 1-3　网格中散布的小球在正态分布和 U 分布中的差异。本书是用 30×30 的网格实验进行解说的，但为了清晰起见，我们只扩大展示了其中一部分。并且，要展示所有小球的话会有重叠，所以我们把每 10 个小球整合为 1 个小球显示在图中。

次。现实生活中，虽然活动时间和胳膊的平均活动次数会因人和状况的不同而有所变化，但是也会出现1分钟80次的活动次数（即使换一个数字，也不会对以下结果造成影响）。

如图1-3所示，虽然每个方格中的小球数量不同，但是基本平均在80个左右。这一统计分布即为正态分布（专家称之为"泊松分布"，以区别于正态分布，但是两者基本相同，因此本书不作区分）。

通过掷骰子的方法也可以得到基本相同的结果，只不过花些时间罢了。在每个方格中掷23次骰子，得出的点数总和基本以80（准确说是$3.5 \times 23=80.5$）为中心上下波动。这和刚才的模拟结果相同，呈现正态分布。

现在我们只是随机分配小球，每个方格中的小球不会自主地从一个方格移到另一个方格。接下来，我们在方格之间移动一下小球，看看情况如何。

我们随机选择两个方格，将其中一个方格中的1个小球移到另一个方格中，然后进行反复移动。大家可能觉得，原本就是随机放置的小球，方格也是随机选择的，即使移动小球，结果也不会有所变化。我曾经给很多人出过这道题，所有人的回答都是"结果不会变"。

但是，事实胜于雄辩。请看一下图 1-3 中位于下面的图。这张图是"反复移动"10 万次后的结果。反复移动的次数越多，小球的分布就越趋向"斑点状"。其实，因移动而产生的"斑点状"才是现实社会的大数据中常见的递降 U 分布。也就是说，我们将小球按照从多到少的顺序，统计其数量分布情况，会发现数据呈现 U 分布。U 分布的制作方法是非常简单的。

与 U 分布相比，原来的正态分布整齐划一。从结果来看，两者的差异很明显，正态分布是随机的、均匀的，而递降分布是散乱的"斑点状"——比彻底的随机还要散乱。这话听起来有点矛盾，但事实就是如此。其实，基于同一随机数的随机性，产生的是十分均匀、整齐的状态。而 U 分布中允许出现"不均匀"，是一种更自由的状态。

U 分布是将玻尔兹曼分布普遍化的产物，但即使是专门研究物理的人，恐怕也是第一次如此直观地看到玻尔兹曼的空间分布。至少笔者在任何一本统计物理学的书籍上，都没有见过这样的图。翻开统计物理学的书籍就会发现，玻尔兹曼分布公式（以温度的倒数为指数的指数函数公式）随处可见。但是，只有公式的话，我们完全无法想象其空间分布究竟是怎样的。

气体中的分子之间经常相互碰撞，与此同时会交换彼此的能量。这类似于方格之间小球的反复移动，因此我们也就不难理解，分子能量的分布也与 U 分布相同，是呈递降的玻尔兹曼分布。

从结果来看，递降 U 分布中，小球集中于少数几个方格中。定量分析的话，在前 30% 的方格中，小球的数量占总体的 70%。我们经常谈到"二八定律"，即前 20% 中集中了整体的 80%。例如，人们经常说 20% 的员工取得了 80% 的销售，20% 的企业创造了 80% 的 GDP 等。虽然这个 U 分布没有完全集中到 20/80 这种程度，但也已经相当集中了。

那么，小球的分布呈现斑点状意味着什么？打个比方来说，是方格和方格之间产生了"贫富差距"。分配小球时，自然而然就会产生两种方格：一种是集中了很多小球的富裕方格，另一种是没怎么分到小球的贫穷方格。之所以会产生这种差距，是因为小球在方格和方格之间反复移动。

有趣的是，明明每个方格都是"机会均等"的，小球却集中到了少数特定的方格中。也就是说，即使"机会均等"，产生的结果也不平等。即使是均等地"反复移动"，也会产生不平等的结果。

我们必须记住的是，小球集中到特定的方格中，不是由方格自身的特殊性，比如能力差距等导致的，而仅仅因为均等的反复移动。即使我们不做方格之间存在能力差距这种假设，由于概率问题，还是会导致差距。也就是说，"反复之力"造成了这种"贫富差距"。

说句题外话，从经济贸易出现起，自给自足的人类之间就产生了贫富差距这种原始的模型。

我们往往以为凡事必有因。总是以为富裕的人和不富裕的人之间，在行动方面应该存在差异，然后去探求这一结果背后的原因。但实际上，当发生了很多次反复移动，即使没有确切的原因，其结果分配还是会明显偏向一方。

我们必须记住，资源（小球）分配不均绝不是因为能力和努力的差异，而是由"反复移动"产生的统计力量导致的。在现实社会中，不仅有自然产生的分配差距，还存在能力差距，因此贫富差距进一步扩大。

在"反复之力"的作用下，资源分配的差距阐释了人类广范围的行动和社会现象。而将此上升为理论依据的就是 U 分布。

在此，我们需要考虑一个简单的问题——小球的分配。随机反复移动小球的话，会出现怎样的结果呢？这个问题我问过几十个人，其中很多人是理科博士。然而，让人惊讶的是，这么简单的问题却让他们调动了全部的经验和知识，最终也没能预测到结果。很多人回答，小球的分配还是随机的，没有变化。这个结果明确表明，对于包含"反复运动"的现象，我们的预测能力是何其欠缺。人类有一种强烈的倾向，即总想借助因果关系来认识世界。但是，因果关系这种思考方式，可能并不适合预测多次反复后的结果。

1.8 我们在各个时间点之间调配"胳膊运动"

现在，让我们回到之前关于人类1天的运动的问题。人类的运动遵循的是正态分布，还是递降U分布，又或者是其他的分布？实验结果表明，遵循的是递降U分布。那么这意味着什么呢？

首先我们来确认一下，一个人的行动中是否存在很多反复运动和统计要素。

当然是存在反复的。如果将你1天的行动按分钟累积起来，那么1天大约有超过900分钟的活动时间。这是一个很庞大的统计数据。

现在我们再看看图1-3中30×30的方格。用一张网格图代表1天，网格中的一个方格对应1分钟。1分钟做什么可能取决于各种情况，并由此决定了这1分钟里胳膊的活动次数。如果方格中有10个小球，就表示每分钟胳膊运动了10次。

我们每天活动的时间大约有 900 分钟，胳膊活动约 7 万次。将这 7 万次的运动分配到每分钟，如果我们在各个时间点的行动类型都是随机的，那么小球的分配应该会呈正态分布。中心值就是 70,000/900 的平均值。

但实际上，小球的分配呈现"斑点状"的递降 U 分布。这一分布规律的本质，是小球在方格之间的反复移动。类推到人类行为的话，一张网格图相当于 1 天，由 900 个 1 分钟组成，在每个 1 分钟（方格）之间，胳膊反复调配着 7 万次的运动。

"调配"是指在哪个时间点活动胳膊。胳膊 1 天大约活动 7 万次，这一总数基本是固定的，我们只是配合优先活动程度调整了胳膊的运动。

例如，上午减少活动量（胳膊的活动），下午全身心投入工作，向顾客提出方案（频繁活动胳膊）就属于这种情况。又比如，有时候我们会在 11 点之前集中精力按时完成资料制作（频繁活动胳膊），之后稍事休息（减少胳膊活动）。胳膊的活动次数是有限的，不需要优先活动胳膊时就保存体力，而需要优先活动时就多分配一些，这就是"胳膊运动的调配"。或许我们都在下意识地调整行动,这种调整细致入微、不计其数。我们每分、每时、每天都在使行动最优化。

你根据是否需要优先活动胳膊而无数次地调整胳膊的运动,递降 U 分布则正好证明了这一点。如果你停止这种优化行为,那么胳膊运动的分布应该会接近图 1-3 的正态分布,而实际上这种情况不会发生。人类每天都会将有限的胳膊运动资源分配到每时每刻的行动之中。

现在让我们回到本章开篇提出的问题,即人的行动会像物质一样受到能量的限制吗?宇宙中的所有变化都源于能量的转换,唯独人类的行动就取决于意志、喜好和情绪吗?只有人类是特别的吗?

结论就是,人类的行动并不特别。对于人类的行动,我们不能像原子运动和电磁波一样,来严格定义"能量"。但是,胳膊活动次数的分布与原子能量的分布可以用同一个公式表示。

这并非偶然。因为两者都在反复调配有限的资源,并呈现出相同的结果。

在物质中，热能在分子间被反复调配。而你每时每刻也都在调配胳膊的运动。一个是"能量"，一个是"有限的资源"，虽然名称不同，但本质相同。更准确地说，能量是有限资源的一种，可以视为特殊的资源。

实际上，胳膊的运动是我们活着的重要资源。你身体的运动，也可以说是你得以采取行动的唯一来源。在模拟实验中，我们将该资源形象地比作小球。小球随机地反复移动是再简单不过的模型，我们可以通过这个模型解释人类行为这一复杂的体系。它将表面的宏观现象与其背后微观下的反复状态联系到了一起。下面我们来进一步思考这种宏观和微观的关系。

1.9 即使不知道微观状况也能预测宏观状况

19世纪前半叶是定量化理解"气体受热膨胀"（物质的基本特性）的时代，这个时期确立了热力学理论。但是，气体受热膨胀现象的背后到底发生了怎样的微观变化？也就是说，分子运动与气体状态的关系是怎样的？实际上当时人们对此并不清楚。19世纪后半叶到20世纪前半叶，从原子运动的角度说明宏观物质性质的理论才确立下来。该理论即"统计力学"。

统计力学通过"反复之力"——构成气体的无数微观分子的反复碰撞，来说明上述气体膨胀的宏观现象，并且将这种反复上升为理论，从而能够预测现象。其基本的理论体系是由詹姆斯·克拉克·麦克斯韦、路德维希·玻尔兹曼、吉布斯、爱因斯坦构建起来的。小到身边的物质，大到宇宙万象，这一理论体系解释了很多现象。

我们从中发现了一个重要原理，即随着反复移动次数的增多，即使不知道具体的微观状况，也能预测并控制宏观现象。我将这种原理称作"多次移动原理"。也就是说，当移动数量足够大时，并不需要了解每次移动各自的具体情况，重要的是与移动相关的少数规则。

没有这个原理，我们将无法预测由无数个原子构成的自然现象。不管出现多么先进的超级计算机，都不可能对与自然现象相关的原子运动的初期条件了如指掌，也不可能模拟所有原子的运动。但是，当存在大量微观的"反复移动"时，大部分微观状况都不会对宏观现象产生影响，而只有极少数一部分信息才会影响宏观现象。借助该原理，自然现象中的微观和宏观就联系到了一起。

同理，对于人类每天超过 7 万次的胳膊运动，即便我们不考虑诸如意识、想法、情绪、事情等时刻变化的具体情况，也能实现科学的预测和控制。如果我们测量人类行为并调查其分布规律，无论被测人持有什么意识、想法、情绪或者做了什么事情，结果都会呈现 U 分布。这也是"多次移动原理"的一种体现。同样地，虽然我们无法控制空气中的单个分子，但是我们能预测并控制由无数个分子的反复碰撞产生的气压和温度。

所谓 U 分布统计，就是将宏观和微观结合起来的理论。在每时每刻的微观行动中，重要的是明确小球的存在，即资源是什么，以及这些小球按照什么规则移动。如果没有移动，结果就会呈现以往统计学中常见的正态分布，而如果发生移动，就会呈现 U 分布。在原子的世界中，能量作为"小球"这一资源发挥着作用，而在人生和社会中，"小球"资源也发挥着同样的作用。从微观上来看，能量的反复转换创造了自然现象。同样地，胳膊每一秒的反复运动也创造了社会现象。并且，我们能够科学地预测这些反复转换或运动。

1.10 时间的利用方法受到规律限制

在如何利用时间方面,我们能从前面得出的结论中获得一些启示吗?答案是YES。

将能量普遍化的"资源"及其"反复转换"阐释了人类的行动。现实中的所有现象都可以用资源分配的变化来说明。例如,由于能量守恒定律的限制,我们可以断定水从高处流向低处,而绝不会从低处流向高处。实际上,如果人类的行动接受资源转换定律(相当于能量守恒定律的普遍化)的支配,那么人类行为就会受到严格的制约,如此一来,时间的利用方法也会受到严格的限制。

比如说,我正在用电脑写稿,而截止日期已迫在眉睫,那么在这段时间我能一直写下去吗?

写稿时,胳膊的运动是有特点的。如果按照同样的速度写稿,那么胳膊每分钟的活动次数会在某个范围内波动,我们称之为运动的"频带"。假设写稿期间每分钟平均活动

60次，动作较多时达到70次，动作较少时为50次，那么运动的频带就是50~70次/分。如果保持每分钟平均60次的运动，那么1天的运动将呈现什么分布规律呢？答案是以平均值60次/分为中心，呈吊钟形的正态分布——竟然不是U分布，这怎么可能呢？我们可以断言，在现实中这是不可能发生的。

假设在众人面前发言时，胳膊1分钟的活动次数为120~180次（平均150次），那么我能够发言5个小时，而只写3个小时的稿子吗？这显然是不可能的。因为这样的话，运动的统计分布就不是U分布了。U分布是沿着一个方向逐渐下降的曲线，如果活跃的运动比安静的运动花的时间还要长，就违背了U分布的规律。在U分布中，快速的运动与缓慢的运动相比，花费的时间只能更短。想要使运动呈现U分布，就必须减少120次/分的运动，或者增加60次/分的运动。

如果我只是发言和写稿子，就会产生未被使用的频带。即使没有将低于50次/分、70~120次/分、高于180次/分的运动列入假设，这些运动还是会按照U分布分配到一定的时间。稿子急需赶工，虽然我想优先写稿，但还是不得不花相应的时间在那些未被使用的频带上。如果我非要按自己的想法做呢？比如我勉强自己遵守了时间表，但有可能我的发言一看就没有用心，或者我心慌意乱地走来走去，根本无法集中精力写稿，也就是说时间还是花费在了不同频带的行动上。如此看来，如何有效利用因写稿和发言而未被使用的频带，是关系到时间使用方法的重要课题。

我们以为可以自主决定1天的必做事项并为各个事项分配时间，但那根本就是天方夜谭。

1.11 "经常动的人"＝"有工作能力的人"吗

U 分布的有趣之处在于，身体 1 天的运动次数的分布，基本由运动总次数（或者是 1 天中平均每小时的活动次数）这个唯一变量决定。如果运动总次数确定了，那么按照 U 分布，各频带运动所花的时间也就确定了。我们称之为"活动预算"。

如果 1 天的活动总量（身体运动的总次数）确定了，那么分配到各频带的活动预算也就确定了，并且不能超出预算时间。反之，无论多忙，各个频带的活动都必须花掉相应的预算时间。再具体点说，从实验中我们得知，低于 60 次／分的活动，必须花费 1 天活动时间的 1/2 左右，60～120 次／分的活动必须花费 1 天活动时间的 1/4 左右，120～180 次／分的活动必须花费 1 天活动时间的 1/8 左右，180～240 次／分的活动必须花费 1 天活动时间的 1/16 左右。

每分钟的平均活动次数因人而异。这种差异也会体现在分布图中。活动次数少的人，递降分布曲线的倾斜度大，呈快速衰减状态；活动次数多的人，递降分布曲线的倾斜度小，呈逐渐衰减状态（在图1-1中，倾斜度的差异消失，纵轴呈现正态化分布）。该倾斜度的倒数称为"活动温度"。统计力学中，根据玻尔兹曼递降分布中倾斜度的倒数定义了物体的"温度"，这里是据此进行的类推（章末注3）。但在此我们不对统计力学的具体理论做深入探讨，只要大家理解1分钟的平均活动多（或者说1天的运动总次数多）称作"活动温度高"，反之称作"活动温度低"即可。

当我们注意到这一点后再去看实验结果，就会发现物体分为冷、热两个状态。同样地，人的活动也分为活跃的"热天"和安静的"冷天"。

我们进一步发现，活动温度因人而异。有活动温度偏高的"热人"，也有活动温度偏低的"冷人"。"热人"的平均活动次数约为120次/分，而"冷人"的平均活动次数约为60次/分。

活动温度偏高的"热人"，平均来说活动得较多。而活动温度偏低的"冷人"则活动较少。乍一看好像活动温度偏高的人更加活跃，能做更多的工作。但是，事情并没有这么简单。

假设活动温度高的人需要做低频带的活动（动作少的活动），比如写稿，即使他们不愿在高频带的活动（动作频繁的活动）上花时间，也不得不这么做。因此，他们无法把时间花在写稿这种低频带的工作上。也就是说，这种人很难长时间伏案工作。

相反地，活动温度低的人（即递降分布图中倾斜度高的人）即使想从事高频带的工作（活动较频繁的工作），也很容易出现活动预算不足的情况。因此，他们很少在这种工作上花时间。

1.12 把握各频带的活动预算，充分利用所有频带

既然人类的运动遵循 U 分布的规律，那么为了有效利用全天的时间，重要的是把握各频带的活动预算，然后均衡地使用所有频带的活动预算（能量）。如果无视这一点，就算我们制定了 1 天的计划，最终还是无法按计划进行。

轻易制定的计划可能有害而无利。之所以这么说，是因为如果我们不知道这个原则，就可能陷入自我厌恶的状态，认为没有完成计划是由自己的意志薄弱所致。

然而事实并非如此。计划之所以没有完成，只不过是因为你在推进必做事项时，用光了各频带所有的活动预算而已。

在这里，笔者借用了无线通信领域的"频带"一词。在利用无线电波的通信领域，一个常见的思考和实施方式，是将活动分配到每个频带（也称作波段），并充分利用所有频带。

电磁波广泛应用于收音机、电视机、手机、GPS定位系统以及收费处的ETC等。一方面，各频带的各个用途之间必须互不干涉；另一方面，如果不用完所有频带就会浪费。因此，按照法律规定，使用电磁波时必须根据用途确定电磁波的频带，并用完所有频带。

然而，对于人类活动的频带，由于之前不知道上述原理，因此没能有效地利用。

如果使用可穿戴式传感器的话，我们不仅能掌握自己的哪个活动利用了哪个频带，还能明确1天的活动预算。此外，通过该传感器，我们还能得知一天中某项活动的预算还剩多少。这就像一边开车一边在汽车仪表盘上确认汽油剩余量一样，与不看计量仪比起来，应该能更顺利地到达目的地吧。

1.13 没有干劲是因为活动预算用光了吗

从这一层面来看，现实生活中的我们就像在完全不知道汽油剩余量的情况下开车。这样做会发生什么呢？当然是汽车因为突然耗尽燃油而抛锚。假如是人，可能1天还没过完，突然某项活动的时间预算就用光了。

当我们用光了活动预算，会发生什么事情？恐怕我们将无法继续那项活动，或者失去干劲。

总感觉没有继续做下去的干劲了——想必每个人都有过这样的体验。事实上，没有干劲可能是因为活动预算用光了。

在预算用光的情况下，如果我们还想勉强自己继续做下去，结果可能就是睡过去，或者无法集中精力（精力不集中时的动作必定不同于精力集中之时，也就是说用到的是不同的频带，因此可以在不违背U分布的情况下持续下去）。说不定这也是造成压力的重要原因之一，目前我们正在推进相关研究。

再者，人有没有动力和干劲，是否会继续做下去，一个很重要的因素是有没有按照 U 分布来分配时间。是脱离 U 分布勉强行事，还是按照 U 分布开展行动，这将产生两种截然不同的走向。

如果能够根据传感器测量自己的行动，将每天已使用完的频带和剩余频带的信息可视化，那么我们就可以在每天的行动中，发现无数个优化时间的机会。

1.14 熵是什么？
是表示杂乱的量吗？

人的活动遵守 U 分布，受到身体活动这一有限资源（能量普遍化的产物）的限制。这意味着，我们是在自然法则无形之手的支配下开展活动的。

以能量带来的制约为研究对象的科学体系称为热力学。热力学在人类活动方面也可以成立，这不足为奇。

热力学中存在 3 个基本定律。

热力学第零定律，指系统中存在"温度"的概念。也就是说，东西有冷、热之分。前面说过，人类活动中也能导入温度的概念，也有冷、热之分。

热力学第一定律，是能量守恒定律。前面说过，宇宙中所有变化的资源——能量的总量是保持不变的。人的活动也受到能量普遍化的产物，即"身体活动"这个总资源的限制。

热力学第二定律，是熵增定律。该定律也适用于人的活动（热力学第三定律也为人所知，但这是很久之后才追加的一条，定律的普遍性也比其他定律低，因此这里不做解释），我们后面再做说明。

先解释一下"熵"这个词吧。

熵这个概念，最初由德国的物理学家鲁道夫·克劳修斯在19世纪后半叶提出，用以表述"热"这种奇妙的物质性质。后来，奥地利的物理学家路德维希·玻尔兹曼明确揭示了熵与原子运动的统计关系。

我们一般认为，熵表示的是对象体系的"杂乱""无序"和"随机"（实际上这是不正确的，关于这一问题将在后面进行说明）。

我们还进一步明确，这种"杂乱"会一直增加，绝不会减少。打个比方，如果自己的桌子上乱七八糟，无法整理，有人就会找借口说，"熵会增加，无计可施"。

全宇宙的熵也会不断增加，于是有人就悲观地预测，宇宙早晚会越来越乱，最终变成一个完全杂乱、随机的"死亡世界"。

德国生理学家、物理学家赫尔曼·冯·亥姆霍兹最先提出了这个预测，并称之为"热死亡"。但是，这又和现实相矛盾——宇宙从起源至今的 140 亿年间，形成了地球、丰富多样的自然秩序和生态系统。因此，自古以来，关于熵的解释就争论不断。

实际上，将熵增的世界视作"随机无序的世界""死亡世界"的观点，是对熵增的很大误解。熵是衡量"杂乱无序"的尺度，因此在很多人的印象中，熵增的世界中都是随机的噪音。在这个由随机数创造的杂乱的世界上，美丽地球的自然秩序和生物活力被毁灭殆尽，只剩"沉默和噪音"。打个比方，以前的电视把模拟信号转换为图像，播放结束后，屏幕上会出现雪花，也就是变成了只有白噪音的世界。所谓白噪音，指的是所有频率（频带）的噪音均匀重叠在一起所产生的噪音，可以说是一种非常不规则的噪音。这就是最杂乱无序的终极世界——"死亡世界"的样子。

但是，熵一旦增加就会变成白噪音世界的观点是错误的。

只要做一个统计分布图，真相就会一目了然。如果将白噪音世界中杂乱的物质分子做成频率分布图，结果就会呈现正态分布（参照图 1-3），而不是 U 分布。在噪音均匀的状态下，熵比较低。

熵大的状态，指的是更加自由、大胆地分配资源（能量）的世界。而随机均匀的世界，指的是完全相反的低熵状态。也就是说，比起吊钟形的正态分布，U分布状态下的熵更大。实际上，熵最大的分布就是玻尔兹曼分布（U分布），这是要在统计力学课堂上最先学习的基础知识。

在本章的前半部分，我们对比了正态分布和U分布。实际上，图1-3中所示的U分布世界，才是熵很大的状态。比起正态分布，那是一个更加参差不齐的斑点状世界，是从限制中解放出来，自由反复地调配资源的世界。唯一受到限制的是总资源，即总能量。

因此，熵不应该像以往一样被视作衡量"杂乱""无序"的尺度，而应该理解为衡量"自由"的尺度。至少这样理解不会产生误会。

随着时间的流逝，宇宙逐渐从大爆炸，即诞生时期的藩篱（均匀性）中解放出来，偏离正态，趋向自由。实际上，在思考人类活动的熵时，将熵视作衡量"自由"的尺度至关重要。

1.15 自由的牢狱——
正因为自由人类才遵守规律

从数学角度定义熵的，是奥地利物理学家路德维希·玻尔兹曼。

在肉眼可见的宏观世界背后，存在一个看不见的微观世界（原子世界）。在这个微观世界中，有无数个原子在以惊人的速度反复地运动和碰撞。乍一看物质在宏观上没什么变化，微观上却在反复变化着。但是，不管怎么组合，不断变化的无数微观状态（分子、原子的位置和移动速度）与宏观状态下的物质都是一样的。

玻尔兹曼在不改变温度和压力等宏观性质的情况下，计算微观状态下可能出现的组合数量，将其总数的对数作为熵的数学定义[①]。这就是有名的玻尔兹曼公式，它还被刻

---

① $S=k\log W$——译者注

在了维也纳玻尔兹曼的墓碑上。

这意味着，在不改变宏观状态的情况下，可以实现的微观状态有很多。这与熵大的状态相对应，并且与将熵视作"自由"尺度的理解完全一致。

对于人类活动的熵，也可以直接用这个方法来定义。以人 1 分钟的活动次数表示人的微观状态，在一段期间内，计算微观状态的组合总数，然后取对数，就可以定义人类的熵了。这表示了人类活动的自由度和不受束缚的程度。

假设我们身处全天被强制重复同一机械工作的状况。此时人的行动可选的状态组合数较少，熵变低，即变成不自由的状态。

如果我们每隔 1 分钟用掷骰子来改变行动的话会怎样呢？由于受到每隔 1 分钟就要改变行动的限制，结果接近均匀的随机状态，也就是非自由状态，熵变低。而所谓熵大的状态，指的是从所有的限制中解放出来的自由状态。这实际上就是 U 分布表示的状态。

我们这样定义人类活动的熵，并逐渐延长时间的话，熵也会逐渐增加。

熵会自然而然地增加，意味着在自然规律的推动下，我们和宇宙从各种各样的限制中解放出来，走向自由。

然而，讽刺的是，自由伴随着代价。一直处于自由状态，反而会受到限制。

德国作家米切尔·恩德凭《永远讲不完的故事》和《毛毛》名满天下，他在作品中提到了一个"自由监狱"，讲述了可以自由选择的权利逐渐成为折磨自己的限制的故事。

虽然状况各异，但是一般来说，对自由的认可意味着控制难度的提高。而难以控制的后果，就是人的"活动效率"受限。我们已经分析过了，因为自由，人无法把时间100%花在一项活动上，从而也会限制业务生产力和时间利用方法等方方面面。

1.16 人类活动的极限可以用热力学公式表示

在物质世界中，因熵增加出现的效率受限理论已经确立了。从该理论中我们可以得知，熵的增加使发电站和发动机的效率受到限制。

将热能转换成机械能的装置叫热机。核电站、火力发电站和汽车的汽油发动机都是热机。

热机的效率（热效率）有上限这一点已广为人知。例如，在核电站，核裂变产生热能，在热能作用下产生水蒸气，进而带动涡轮机运转，产生能量。但是，由于熵增加的限制，不管技术怎么发展，将热能转换成能量的效率都不会达到100%。该转换效率与能量的成本直接相关，因此存在极大的经济价值。

虽然人类活动与热机不同，但是与物质一样，人类活动中微观要素间的资源分布和熵增定律也受到相同规律的支配。因此，人类活动和热机一样受到限制。

由于人类活动有很多方面，因此效率的定义也可以是多种多样的。在这里，我们从热力学中类推，选择了最机械性的定义方法，将活动效率定义如下：以活动总时间为分母，以在该活动时间内，目标活动的投入时间为分子，分子分母相除得到的值即为活动效率。用于目标活动的时间比率，也就是在某项活动中可使用的时间比率，称为活动效率。

如果能按照自己的意志来选择活动，那么活动效率可以提高至100%。但是，如果人类活动遵守热力学定律，那么活动效率就会受到某个上限的限制。熵增定律必须认可活动的"自由"。所谓自由，就是不能将资源全都集中到一项活动上。讽刺的是，认可了自由，就意味着限制了活动时间。

这与热机效率受到熵增定律的限制是同样的道理。正因为原子运动是自由的，热机效率才会受限。

我们在物理学中发现，热机效率上限可以用一个简单的算式来表示，该算式称为"卡诺效率"。卡诺效率的计算方法是"1减去高温热源温度与低温热源温度之比"。数值越大，卡诺效率越高。

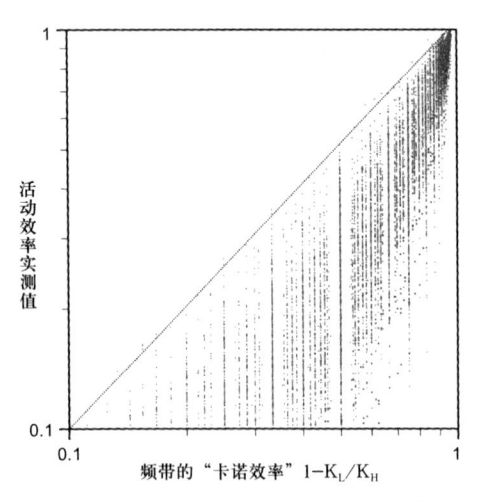

图 1-4 这是证实人类活动效率与热效率受同一公式限制的数据。活动效率受活动频带（频带下限为 K_L，上限为 K_H）的限制。

例如，当热机的高温热源是 100 摄氏度（绝对温度为 373 度），低温热源是 0 摄氏度（绝对温度为 273 度）时，卡诺效率就是 1－（273/373）≒ 0.268，因此效率绝不会超过 26.8%。这是法国军人兼物理学家萨迪·卡诺在研究蒸汽机的效率是否有上限时得出的公式。

如上所述，如果将物质的热力学和人类活动相对应，那么表示热机效率上限的卡诺效率公式也同样适用于人类活动。也就是说，人类活动也存在效率上限。并且令人惊讶的是，卡诺效率公式在数学上也同样成立。我们已经发现的表示人类活动效率极限的公式如下所示：人类活动的效率上限等于1减去用于某项活动最活跃的动作值（××次/分）与最稳定的动作值之比。也就是说，该活动中人类活动频带的上限值与下限值限制了效率。

假设写稿时的活动次数是1分钟50~70次，那么效率极限即"卡诺效率"为1−50/70 ≒ 0.286，效率极限就是28.6%。由此我们可以预测在1天的活动时间内，写稿时间绝不可能超过28.6%。

真的是这样吗？我们用前面所说的9,000个小时的数据，绘制了所有频带的活动效率图。该图表的绘制方法是，随机选出各种各样的频带，根据动作的上限值和下限值算出"卡诺效率"的值（横轴），从实际测量数据中，查出在总活动时间中用于该频带的时间比率（纵轴）。由此我们可以证明，人类的活动效率全都分布在以卡诺效率公式为上限的区域中（图1-4）。

综上所述，人类活动受到的限制与热机是一样的。

1.17 人的自由与限制

前面我们分析的都是人类行动因自由而受限，下面我们从熵的角度思考一下，人类的自由本身是否受限。

如图 1-1 所示，严格地说，在 230~300 次/分附近，曲线突然弯折，迅速下降。胳膊不会超速活动，其运动基本以 300 次/分为上限，只有极个别情况才会超过这个上限。专家将这种理论上不会超过的上限称作 "Cut Off"。在 U 分布中，与之相似的是 Cut Off 之前的有限区域。

但是，根据人和时间的不同，我们有时也会在除此之外的中间区域内，找到没有完全落在直线上的部分。也就是说，有时多多少少会 "偏离" 直线。如果人类活动的熵完全实现了最大化，就会完美地呈现出一条直线。因此，"偏离" 程度表示了熵值与最大熵之间的 "偏离"。由于熵是衡量活动自由度的尺度，因此这种 "偏离" 显示了自由受限的程度。

通过详细调查这种 "偏离"，我们就能将此人在工作和家庭中不自由、受束缚的程度定量化。今后，随着这项研究的不断推进，我们可能会清楚地了解人的压力和精神健康的关系等。在第 2 章、第 3 章中，我们将进一步明确这种行动限制意味着什么。

注1

指数函数指用 $y=a^x$（x 是实变量，a 是常数）表示的函数。x 是 1，2，3……（以一定的间隔变化）时，y 就是 a，a^2，a^3……。

注2

关于"累积概率分布与概率密度分布的区别"和"分布名称"，笔者想先在这里做一下补充说明。

我们在讲 U 分布时（例如图 1-1）曾说过，以累计值为纵轴的累积概率分布为指数函数，呈"递降"趋势。实际上，U 分布中，概率密度分布也是"递降"的指数函数。这是因为将累积概率分布微分后，即可得到概率密度分布，指数函数微分后仍是指数函数。另一方面，吊钟形正态分布图表示的是概率密度分布，比较两者时需要注意这一点。

关于分布名称，可能有的读者心存疑问。前面说过，解释物理现象（物理学）时，人们频繁使用了"递降"分布。微观下热能分配到各个原子，这种现象也呈递降分布。这时，横轴是构成物质的原子的热能，该分布称作"玻尔兹曼分布"。这一分布也在人类行为和社会现象的大数据中频频出现。其横轴多种多样，在这次有关人类行为的测量数据中，横轴是"1分钟胳膊的活动次数"。本书称之为 U 分布。了解统计分布的函数形式的人，或许会以为这只是单纯的指数分布（用指数函数表示的统计分布）。在第3章将说到，从活动频率和密度方面看，U 分布指的是"指数分布"，但是从活动间隔分布方面看，U 分布指的是"幂分布"的实际物理状态，而不只是单纯以函数形式命名的分布。

注3

　　我们介绍过，物质中的热能分配给各个分子时，会呈现递降分布——玻尔兹曼分布。构成物质的分子在热能的作用下不断运动，但是每个分子的运动速度（相当于热能）各不相同。大多数分子的热能低，只有少数分子的热能高。制作图表时，如果横轴取分子热能，纵轴取高于横轴热能值的分子数量，图表会呈现递降趋势。但是，其递降方式（坡度）因物质温度的不同而变化。温度高时，热能总量大，分到高热能的原子比例也大，因而递降坡度较小。相反地，温度低时，热能总量小，分到高热能的原子比例也小，因而递降坡度较大。该坡度的倒数称为绝对温度。

第 2 章

测量幸福

2.1 能否用科技控制人类的幸福

科技改变了社会，丰富了经济活动，提高了生活水平。德鲁克说，20世纪体力劳动者的生产力提高了50倍。在提高生产力方面，科技功不可没。

我们能够切身感受到，近30年来信息技术的发展日新月异。电脑已经人手必备，用电子邮件和手机立刻就能与他人取得联系，建立电子文件夹即可存放文件和发言资料。毋庸置疑，由于这些变化，工作的生产力不断提高。

话虽如此，但科技让我们幸福了吗？

这又是另一回事了。邮箱中积压了大量的邮件，与你有关联的形形色色的人员随便地插话、询问。如果你想认真处理邮件，那么这一整天都可以专心守着邮件。然而，对于一些重要的问题，我们却无暇顾及，人生匆匆而逝。即使是去南方的小岛度假，还是会时刻注意有没有新的邮件和电话——我们的状态是全年无休。

但是，今后科技会不会使我们幸福感倍增呢？

一直以来，科技依据科学知识控制着复杂的体系。例如，保证汽车平稳加速，控制首都圈复杂的列车运行体系等。在科学的控制下，复杂的体系得以维持在理想状态。

要控制体系并使其维持在最佳状态，首先必须确定体系的理想状态是什么。关于人类这个体系，人类自己也没有明确的答案。自古以来，宗教和哲学一直在寻求答案。或许这个答案已经在宗教和哲学智慧中了，又或者存在不为人知的秘密。

尽管如此，表现人类理想状态的词语已经被广泛使用了。这就是"幸福"或者"Happiness"。

如果真的能控制人类的幸福，其影响将是巨大的。

然而也有人认为，人类比以往科技控制过的任何体系都要复杂得多，并且幸福因人而异，因国家和文化而异，所以无法一概而论。

但是，我们在上一章中说过，支配万物的物理定律能扩展开来适用于人类。甚至能量、熵和温度的概念也能普遍化，适用于人类行为。

也许我们可以从科学的角度来解读幸福，又或者存在具有统一性的科学。

我们可以控制人类这种复杂的体系吗？可以测量和控制幸福吗？这就是本章提出的问题[1]。

2.2 幸福的心理学——"积极心理学"

实际上，近10年关于人类幸福的研究迅速发展。

19世纪90年代之前的心理学，重在治疗和分析有心病的人。例如，在伍迪·艾伦的代表作、奥斯卡金像奖获奖影片《安妮·霍尔》（1977年）中，就描述了心理咨询深入影响到纽约知识分子日常生活的情景。

另一方面，大家对健康人的心理状态及其幸福感的研究比较少。不过随着近10年的快速发展，这一状况发生了变化，有人开始对"积极心理学"进行研究。

美国加州大学河滨分校的索尼娅·柳博米尔斯基教授是研究幸福（Happiness）的第一人[2]。在此结合教授的《幸福有方法》（*The How of Happiness*）一书，介绍一下幸福研究的概要。首先，幸福是可以测量的吗？积极心理学通过采访和调查，将看不见的人心定量化，以此来研究幸福。让人始料未及的是，仅仅通过回答：

1 整体来说，你是个幸福的人吗？
2 与周围人相比，你觉得自己幸福吗？
（用数字1~7来回答。完全不符合是1，完全符合是7。）

这种简单的问题，就能将幸福大致转换成定量数值。

这种定量的方法推进了幸福与各种因素的相关性研究，我们逐渐发现，幸福感与我们的直觉并不一致。

首先，幸福受到与生俱来的遗传特性的影响。这是在认真研究双胞胎的过程中发现的。

同卵双胞胎的数据库积累及研究不仅明确了遗传的影响，还推进了有关幸福的研究。同卵双胞胎的遗传特性相同，即拥有相同的DNA。但是，因为各种各样的原因，双胞胎分别在不同家庭中长大的情况并不少见。当然，在同一家庭中长大的情况也很多。我们要做的就是认真地收集两种情况下的数据。这样一来，我们就能掌握在同一个家庭中长大的同卵双胞胎和不同家庭中长大的同卵双胞胎的区别。因为这样可以区分开遗传的影响与家庭等成长环境的影响。

通过研究发现，幸福有一半是由遗传决定的。也就是说，既有天生容易幸福的人，也有天生难以幸福的人。

虽然我们都想相信，一切都可以通过努力改变，但是遗传的影响不容否认。

不受遗传影响的另一半幸福将受到后天的影响，并且可以通过努力和环境的变化来改变。这样的话，能改变的部分就比想象的要多。

如果进一步区分后天影响，就会发现一个惊人的事实[3]。

一般来说，当我们找到好的伴侣并结婚，购置新家，拿到很多奖金时，会认为自己的幸福感提升了。但是根据柳博米尔斯基教授的定量研究可知，这些事的影响出人意料地小。

相反地，人际关系恶化、工作失败时，我们会认为自己陷入了不幸，但事实并非如此。不管是好的变化，还是坏的变化，人类都能在短时间内习惯自己周围环境要素的变化，而且所需的适应时间比我们想象的要短得多。

该环境要素包括的内容很广，有人际关系（职场、家庭、恋人及其他）、金钱（广义上的金钱，不仅包括现金，还包括房屋和所有物等广泛的资产)、健康(有无疾病、有无残疾等)。令人惊讶的是,即使我们把这些环境要素全都加起来,对幸福的影响也只占整体的 10%。

我在得知这个结果时大受打击,同时怀疑结果是否真是这样。但是,这是经过大量数据的证实和慎重的统计分析后得出的结果。

包括笔者在内,很多人每天都在为改善环境要素而努力,因为我们相信这样做会提升幸福感。然而数据表明,这样做虽然不是毫无用处,却也不会促进幸福感的提升——很大程度上是我们想多了。

那么,剩下的 40% 是什么?这就取决于我们每天行动中的小习惯和选择行动的方法,而且,是否积极采取了行动尤为重要。因为人如果按照自己的意志采取行动的话,就会感到幸福。

如此一来,我们稍微改变一下行动,就能提高幸福感。比如向他人表达谢意,帮助有困难的人。这些事看起来简单,其实会大幅提升幸福感。

采取行动后是否成功并不重要,采取行动这件事本身,就是人的一种幸福。

决定幸福的不是行动成功与否,而是是否积极采取了行动。实际上我们每个人都应该为此感到庆幸,毕竟成功难得。人们以往的看法是,就算早晚有一天会获得成功,但是在那之前必须要忍耐和努力。一直以来,人们都以为在到达幸福的彼岸之前,需要经历一段漫长而不幸的过程,以及长期的忍耐。

如果行动本身就是幸福,那么获得幸福的方法就完全改变了。一种极端的说法是,说不定今天、现在、此时此刻你就可以获得幸福。但是,为此我们必须改变行动。

对人类与科技的关系来说,看法的转变也是一个新的机会。根据上述讨论,假如科技可以为人生带来幸福,那不就意味着科技在帮助人类改变行动吗?

这与以往的科技发挥的作用迥然不同。过去的科技将以往费时费力的作业改用电脑和机器来完成,方便用户使用,并且节省了劳力。更恰当的说法是,在科技的作用下,人类不用自己行动也能顺利完成工作了。

相比以往的科技,以实现幸福为目的的科技发挥的作用是截然相反的。这时科技扮演的是帮助人们主动采取新行动的角色。

提供使人轻松舒适的环境以提升幸福感,属于幸福理论中改善环境要素这一项,其效果顶多占整体的10%。与之相对,如果人能积极采取行动的话,就能产生40%的巨大影响,两者不可相提并论。

但是,困难在于无法指示或命令他人主动采取行动。"主动采取行动"和"指示"是相互矛盾的。我们该怎么解决这一矛盾呢?后面笔者会介绍其中一种答案。

2.3 提升员工的幸福感有利于提高公司收益

另外还要弄清一个疑问：就算我们得到了幸福，会不会仅仅停留在自我满足的层面上呢？

关于这个问题，已经有人用大量的数据做过研究了。

研究表明，幸福的人工作表现好，创造能力强，收入水平高，婚姻成功率高，朋友多，健康长寿。用数据进行定量说明的话，幸福的人工作生产力平均高出37%，创造力高出300%。

重要的是，不是因为工作能力强的人会成功，所以才幸福，而是幸福的人工作能力强。而且，不用非得等到成功来临才能获得幸福，今天稍微采取一些行动，就能提高幸福水平。

当然，幸福感的提升不能保证一定就会成功，但成功的概率肯定会大大提高——享受高效而富有创造性的工作、维持幸福的婚姻生活，健康长寿的概率会提高。

管理领域最权威的杂志《哈佛商业评论》2012年2月号中，有一篇《提升员工的幸福感有利于提高公司收益》的特辑[4]。

迄今为止，公司和员工的关系大多被描述成对立关系。简单说来，人们大多认为公司让员工做很多工作，是公司受益，员工受损；反之则公司受损，员工受益。

当然，为了提高员工满意度、改善工作环境，公司也付出了一定的努力。但是这种努力中包含了很强的目的性，因为如果不将员工的满意度提高到一定程度，员工的稳定性就会降低，身体和精神健康也会受到损害，这样反而增加了公司的总成本。

比如公司好不容易培养出了有战斗力的员工，他们一旦辞职，就得再花费成本和时间培养新人。也就是说，一直以来提高员工的幸福感被看作一种"必要恶"①。

不过，这种现状正在发生变化。人们开始认为，员工幸福地工作既有利于员工本人，也有利于公司。刚刚提到

---

① 由于组织运作或社会生活的需要不得已而为之的事情。——译者注

的那篇特辑的编写就体现了这种知识的积累、观点的变化。促进这种变化的，就是以柳博米尔斯基教授为代表的积极心理学朴实的研究成果。

  但是，要想用实验具体探讨这一想法，或者估测提高员工幸福感这一对策的效果，以往的心理学方法存在很大的局限。突破这一局限的关键，就是本书介绍的传感器技术。

2.4 传感器可以测出幸福感

我去美国出差换乘航班的时候,在芝加哥奥黑尔国际机场的书店看到收银台前陈列着柳博米尔斯基教授的《幸福有方法》(*The How of Happiness*)。我在飞机上读这本书时发现,可以从科学的角度重新解读幸福。我很希望能和教授共事,于是很快联系到她本人,拜访了她位于洛杉矶郊外里弗赛德市的研究室。

我专门从事人类测量和定量数据解析,而柳博米尔斯基教授专门研究幸福的心理学,此后开始了我们两人之间独特的合作。我为柳博米尔斯基教授介绍了针对人类行为的测量收集技术,而教授也马上认识到这项技术的价值。我想,教授是在这个传感器中感受到了突破性的东西——突破了以往借助调查问卷研究心理学的局限。

柳博米尔斯基教授的研究表明,如果采取对策以提高幸福感,人的行动也会改变。过去很难对人类行为进行测量,有了这个传感器,就可以进行具体验证了。

而且教授认为,一个人的幸福会传递给他周围的人,幸福的范围可以自动扩展开来。但以前没有这样理解人际关系的手段,而借助这种传感器就能实现定量分析了。

不久,我们开始了第一次共同实验。实验对象是某企业的研究开发项目。该项目为了在短期内制造出创新产品,集合了各领域的技术人员。

这个项目的难度很大,一来产品的具体概念尚不明确,二来必须拿出有影响力的创新成果。尽管如此,项目的时间限制却很严格。

项目组长认为,在无法预知未来的情况下,研究成员以很高的积极性共同努力是成功的关键。为此,我们决定测量人类行为,以提供咨询支持,尤其是促进成员积极性的提高,加强他们之间的合作。

作为其中一环,项目组成员参与了柳博米尔斯基教授关于提高幸福感的对策的实验。

参与实验的成员被随机分成了实验群和对照群。两个群组的成员都要写下本周经历的3件事。但是,实验群的成员要写本周发生的好事,对照群的成员不能对本周发生的事做出"好"之类的积极评价,而是要保持中立。不论哪个群组,每周只用 10 分钟来写报告,持续进行 5 周。与此同时,我们用问卷的方式调查了成员的幸福感,以及他们对职场的感受和认识,在 5 周后又持续调查了 2 个月。

我们还让这些实验者每天佩戴我们开发的可穿戴式姓名牌传感器(名为"商业显微镜",英文名 HBM=Hitachi Business Microscope),对其具体的行动变化进行了测量(图 2-1)。

该可穿戴式传感器是由笔者团队开发、领先世界的产品。在最权威的管理类杂志《哈佛商业评论》2013 年 9 月号上,该传感器被誉为"写入历史的可穿戴式传感器"[5]。

这种可穿戴式传感器的大小与名片一样,形状跟姓名牌相同,可以戴在脖子上。早上上班后,取下插在充电器上的传感器,戴到脖子上,然后正常工作一整天。下班时,将传感器插回充电器后回家。该充电器相当于收集数据的

可穿戴式姓名牌传感器

红外线 Beacon

(((见面信息)))	(((身体运动)))	(((地点)))
谁和谁在什么时间见面，见面几分钟	动作的幅度和频率，步行和停留的差别	办公室、后方休息区等到过哪里

图 2-1 可穿戴式姓名牌传感器及其功能。可以记录人的身体运动、见面信息和位置信息等。为了记录人的位置，我们要在各地点设置红外线 Beacon。

入口。在夜里，传感器的数据将通过网络从该入口传输到数据中心。

我们在该传感器中嵌入了红外线传感器，可以检测出人与人的见面情况。传感器佩戴者能检测出自己面前的佩戴者并进行记录（我们在不同的角度安装了6个红外线传感器，不仅能检测出正面的人，还能检测出斜前方或者旁边的人）。在他们开会或者站着说话时，就会记录下那一时间与谁见了面等信息。

除此之外，我们还安装了检测身体晃动和朝向的加速度传感器，以及测量周围音量（可以测出见面时有无对话，但是不会记录对话内容）、温度和亮度的各类传感器。这些时刻变化的物理量连同时间都被记录在姓名牌传感器中，然后被传输到服务器中积累起来。

实验最后的结果清晰明了。经过问卷调查发现，写下好事的成员与中立评价的成员相比，幸福感更高，对组织的归属感更强。

这种内在的心理变化会影响到员工的行动。在本人都没有意识到的情况下，行动就默默发生了变化。

人的活动量会随着时间段变化。借助加速度传感器，我们可以将活动量数据化。人的活动量从早上开始逐渐增加，下午迎来高峰，随后逐渐减少。本次实验中，写下好事的成员从早上开始，活动量的增速快，高峰时间提前。同时，回家的时间也随之提前。幸福的员工能够很早就活力满满地开始工作，早早地完成工作后回家。

　　每周只花10分钟写下本周的好事，就能产生这么大的效果，着实让人震惊。通过实验我们证实，人的幸福是由微不足道的小事决定的。

　　还有一个重要的发现是，幸福和身体活动的总量密切相关。也就是说，人内心深处的幸福其实可以通过外部可见的身体活动量来测量。因此，幸福可以通过加速度传感器来测量。

　　重申一遍，幸福可以用加速度传感器测量出来。

　　在很多人的印象中，每个人的幸福都是独一无二、各不相同的。

　　在此我们弄清楚了一个简单而共通的事实，即幸福的人的身体运动多。

当然，根据工作、业务的不同，必要的活动量也会发生变化。但是，我们意外地发现，当一个人感到幸福时，活动频率会增加。

对比工作或者其他条件不同的人，并根据活动量的大小来判断谁更幸福是毫无意义的。但是，更幸福的人活动量的确更大。这和幸福与积极行动密切相关的发现是一致的。

在第1章中我们说过，1天7万次的有限活动次数在无意识中限制了时间的利用方法。

我们又发现，人在更幸福的情况下，活动量会增加。人如果采取积极的行动，活动就会增多。如果以第1章中热力学与统计力学的知识进行类推，就相当于"活动温度升高""变热"。而活动的增加，即"变热"成了一种幸福的身体反应。

再者，利用传感器来研究人心，意味着迈出了开拓心理学研究处女地的第一步。

以往的心理学研究通过让被测人回答问题，将无处捕捉的"心"转换为数值。在学术界，这种调查方式称为问卷法。

但是，这种方式很受限制。问卷法类似于抓拍，记录的是回答者在某个时间点的感受，虽然其中包含了重要的信息，但很难捕捉到每个时间点的变化。多次回答同一份问卷的话，会给被测人和调查人双方带来很大负担，可行性不大。并且多次回答同一个问题的话，被测人对问题的理解也会发生变化，进而降低调查的精确度。

因为存在这些限制，很多心理学家都认识到问卷法的局限。由于传感器可以持续测量变化情况，如果能借助传感器测量身体运动，进而观测人心，就可以打破这种局限。因此，人们对用传感器客观测出的人类与组织的海量数据寄予了厚望。

2.5 解读行动中隐藏的符号

在这里，笔者想解释一下将传感器的数据和心理问卷的问题联系起来的重要性。

传感器会客观地记录下每时每刻的测量数据。这些测量数据可以做成波形图，来表示每时每刻的数据变化。比如刚刚在实验中用到的加速度传感器，就可以每隔 1/50 秒记录一次在 x 轴、y 轴、z 轴所表示的空间方向上有多少加速度。

但是，我们无法直接解读出这些大量的、连续不断的数值究竟意味着什么。平均每人每天都会收集到超过 1,000 万个数值系列，这些大量的数字排列一方面以毫秒的速度变化，一方面因年龄增加等影响，以年为单位变化。解读这些复杂的数字排列，是一个很大的课题。

人的行动数据中包含了丰富的信息，可以表现不可见的内心。精神不振时，人连走路都垂着肩膀，举手投足也无精打采。而且对话时的身体活动也能表现出人内心的状态。例如，对话时如果你对对方抱有好感，身体运动就会很活跃。相反地，如果你不信任对方，身体运动就相对较少。

具体来看，包含幸福在内的人类所有的心理活动和情感，都可以用加速度传感器进行测量，并作为一种行动模式转化成各种各样的符号嵌入数据之中。但是，数据只不过是数字的排列，怎样才能解读其中的意义呢？

柳博米尔斯基教授等心理学家经过多年研究，开发出的检测心理状态的问题发挥了威力。例如下列问题：

你是幸福的人吗？请用数字1~7来回答。
（完全符合是7，完全不符合是1）

或者

过去1周内，你感到过不安和担心吗？
整体来说，你对工作满意吗？
你今天发挥出自己的能力了吗？
你积极解决业务上的问题了吗？
（均用数字1~7回答）

通过这样的问题，我们就能将人的心理状态转换为数值。如此一来，"幸福""不安、担心""对工作满意""发挥出能力""积极解决业务问题"等心理状态就各自转换成了数值。通过提出这样的问题，能用语言表达的心理状况，就全都可以用数字来表示了。

其中当然也包括误差。不过，如果我们将很多人的回答汇总在一起，就能在"幸福的人""不安、担心的人""对工作满意的人""发挥出能力的人""积极解决业务问题的人"身上找到共通的倾向，以此来减小误差。将这些数据与调查问卷中得出的大量行动数据结合起来，数据中隐藏的意义便自然会浮出水面。

用传感器测出的行动数据是数字的排列。此后，被测人的身体运动特点也可以用数字来表示。比如将面对面的红外线传感器和加速度传感器的数据结合起来，就可以对在与人见面（从对方身上接收红外线信号）时身体运动是否频繁（1分钟身体运动几次）进行量化。即可以将"对话时的身体运动量"（每分钟身体运动几次）转化为一定数值。这一数值的大小因人而异。我们将数值大的群体与前文中回答问题的群体进行了对比，结果发现该人群与"积极解决问题的人群"十分一致。即对话时活动频繁是"积极解决问题的人"的共同特点。如果想要积极解决问题，就需要主动地进行对话，这时身体的运动也会活跃起来。

如果通过计算机从大量的行动数据和对问题的回答中搜索出上述对应关系，我们就能理解身体运动中隐藏的意义了。

传感器中记录的大量身体运动和行动数据的排列是一种暗号，我们想要解读这个暗号，却不知道解读暗号的规则。而调查问卷上的回答相当于解读暗号的提示。在有了这些提示后，通过认真调查大量数据，就可以发现解读暗号的规则。

在这个例子中，传感器测出的数字排列中包含的"积极解决问题"这一暗号，实际上可以按照"对话时的活动频率"这一规则来解读。

数据中除了"对话时的身体运动量"以外，还包含其他无数个特点。比如"1天的活动总量""每天上班时间的差异""对话的人数"，等等。我们从数据中抽取了1万多个特点，借助计算机调查这些特点与问卷回答的对应关系，以解读人类行为中隐藏的信息。

如果一直推进这项研究，那么将人类行为数据中隐藏的意义全部解读出来，也不是不可能的。人类的遗传信息是大约10年前解读出来的，而解读人类行为的重要性不亚于遗传信息。

其中，有关幸福信息的解读价值颇高。如果我们解读出这些信息，就可以使用行动数据测量并控制幸福。这将给个人、商业和行政带来巨大的影响。

2.6 休息时活跃的对话
   有助于提高生产力

运用定量数据解读人类身体运动中隐藏的意义,并同时控制幸福和生产力。在这方面,我们的努力已初见成效[6]。

我们的实验场所是呼叫中心。所谓呼叫中心,指的是企业的电话窗口。实际上,呼叫中心是最适合定量研究人类行为的尤其重要的场所。

之所以这样说,是因为大多数电话客服人员每天都在重复进行相同的工作——打电话、接订单,因此是否接到了订单、每个电话花费多少时间等大量的定量数据得以保存。这些海量数据就是绝佳的资料,可用于调查人的生产力及对它起决定作用的重要因素。

然而,即使是呼叫中心,以往也并非全程记录了人类的行动。尤其是客服人员离开电话后,在休息区做了什么,以及领导在什么时间下了什么指示等,诸如此类的人类行为并没有被检测出来。

如果借助我们开发的可穿戴式姓名牌传感器技术，就可以网罗上述行动在内的所有数据（称为"人类大数据"）（图2-1）。我们相信，将大量的业务数据和人类行为数据结合起来，就可以调查出决定人的生产力和幸福的重要因素。

照片1 实验所用呼叫中心（Relia, Inc.[①]）

我们在呼叫中心做了实验（照片1）。这一实验是由Relia公司和日立共同实施的。在呼叫中心，需要应对的电话有两种：一种是打电话推销商品和服务（称作

[①] Relia, Inc.是日本一家大型业务流程外包（Business Process Outsourcing）服务公司。——编者注

Outbound），第二种是应对顾客打来的咨询电话等（称作 Inbound）。我们选取的实验对象，是推销某项服务的 Outbound 呼叫中心。

我们让实际打电话的接线员及对其监督与协助的管理者等所有相关人员戴上了姓名牌传感器，对其交流情况、不同时间所处的地点、姓名牌的晃动模式等进行了测量。此外，为了掌握他们的个性特点，我们将接线员的技术水平、工作年数等数据联系起来，并进行了问卷调查。我们还收集了"接单率"的数据，即 1 小时内通过电话推销成功的件数。

通过调查，我们发现了一个惊人的事实。整个呼叫中心的接单率每天都不相同。因为有很多接线员一周只工作几天（比如 3 天），所以起初我们认为原因在于接线员每天都会更换。

这样一来，接线员的平均技术水平每天都在变化。一开始我们的预测是，出勤者的平均技术水平高的一天接单率会升高，反之则会降低。

但是，从数据上来看，平均技术水平与接单率的高低没有相关性。虽然相关人员对于技术水平大大影响接单这点深信不疑，但从实际测量结果来看，事实并非如此。

人们一直认为，有些人的性格适合接打电话，而有些人则不适合。但是，经过调查发现，每人的个性特点与接单率之间并无关联。

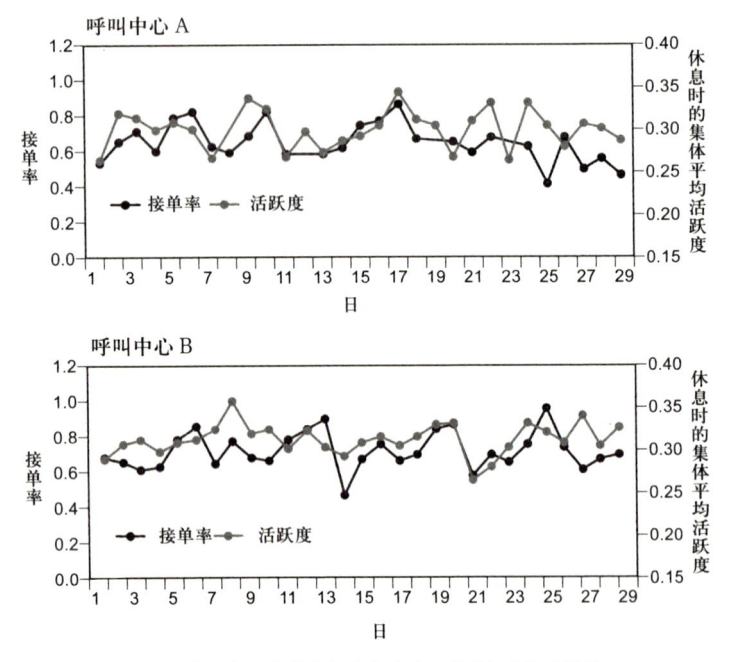

图 2-2　表示每天接单率与休息时活跃度的相关性趋势图

出人意料的是，影响接单的因素其实是在休息区对话的"活跃度"。休息时，与他人对话的身体运动活跃的话，那天的接单率就高，不活跃的话，那天的接单率就低（图2-2）。这里所说的对话"活跃度"，是根据接线员戴在脖子上的姓名牌传感器的晃动模式设置的指标（关于指标详情将在后面论述）。如果对话是活跃的，就会产生活跃的身体运动，可以用加速度传感器检测出来。

但是，仅凭对话时的活跃度与销售的相关性，我们分辨不出何为因何为果。一方面，我们认为在休息区的活跃对话是因，接单率高是果；另一方面，我们也可以解释为，接单率高的那天，接线员会因工作顺利而情绪高涨，休息时谈话兴致勃勃，身体运动也随之活跃起来。

为了提高休息时间的活跃度，我们让同一年龄层的4个人同时休息。结果，他们休息时的活跃度提高了10%以上，进而接单率提高了13%。由此我们发现，通过改变休息时的活跃度，可以改变接单率（图2-3）。既然因果关系明确了，那么采取极其简单的对策就能大幅度提高生产力。

休息时的活跃度 / 接单率

活跃度提高了 10% 以上

接单率提高了 13% 以上

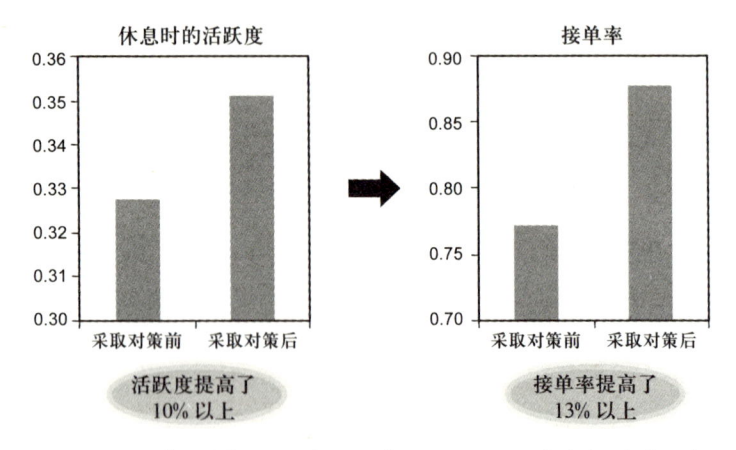

图 2-3 在呼叫中心，通过让同一年龄层的 4 个人一起休息，提高了休息时的活跃度，进而接单率提高了 13%。

但是，这是不是该呼叫中心特有的结果呢？或者说，会不会是这种电话推销服务业务特有的现象呢？难道与该公司的习惯和业务方式没有关系吗？又或者结果仅仅适合顾虑同伴的感受，容易被周围氛围影响的日本人呢？假如在有着强烈的个人主义倾向的美国，结果是不是就完全不同了呢？对于这些疑问，如果回答不同，对结果的理解也就完全不同。

实际上，我们对于这些疑问已经有了答案。同样是呼叫中心，我们在 Inbound（应对顾客咨询的呼叫中心）也做了类似的实验。该实验是在美国的银行，由麻省理工学院（MIT）的研究小组实施的[7]。

我们在测量接线员的生产力指标，即每个电话的处理时间（从咨询电话打来到结束咨询的时间）时发现，电话处理时间深受接线员在休息时的活跃度的影响。即使把技术、性格、能力等其他影响因素全部加起来，也没有休息时活跃度的影响大。以前接线员们总是错开时间休息，现在尽量让他们一起休息，通过这一对策，生产力最大提高了20%。而整个银行通过采取该对策，减少了12亿日元的成本。

重点在于，接单率与Outbound和Inbound的业务、美国和日本的差异毫无关系。虽然Outbound和Inbound同为呼叫中心的业务，但性质并不相同。而且日本和美国的企业在业务规范、职场流程以及常识上都存在很大不同。尽管如此，结果却是相同的。

由于呼叫中心保存了定量数据，因此可以进行验证，但其实这并非呼叫中心特有的现象，而是人们工作时的普遍现象，可以适用于呼叫中心之外的其他业务。

用一句话概括结论，就是在活跃的职场，员工的生产力会提高，而在不活跃的职场，员工的生产力会降低。这是一个普遍的倾向。再者，如果用加速度传感器测量集体员工的身体运动情况，就可以实现职场活跃度的定量化，从而可以在各种各样的产业中，确认活跃度与生产力的关系。

有意思的是，这个实验的接线业务中，个人发挥的成分居多，集体发挥的要素较少。即使是在偏于个人发挥的业务中，职场活跃度这种群体性因素也会对生产力和成本产生极大的影响。人们迄今没有认识到这种相关性。因为按正常思路来思考的话，这两者之间应该没有关系。

追究起来，两者之间为何会产生联系呢？

2.7 身体运动会传染，幸福也会

从表面上看，员工的活跃度很抽象，如何把抽象的活跃度定量化呢？关键就在第1章论述的身体活动。

借助加速度传感器，我们可以测出员工每分钟的活动次数。如果每分钟的活动次数高于基准值（按照以往的测量经验设定）则算作活跃，低于基准值则算作不活跃。按照这个判定标准，我们将处于活跃状态的时间占规定时间的比率称作活跃度。假如1个小时中活跃的时间有30分钟，那么活跃度就是0.5。此外，对一个群体而言，取全员活跃度的平均值，就可以得到群体活跃度的数值。这样一来，我们就将员工整体的活力程度或活跃程度定量化了。

用活跃度这个指标来理解人类和社会，表面上看可能有些刻板。但是，我们居然可以借助这个看似刻板的群体活跃度，判定员工在呼叫中心的电话业务中的表现（与业绩成正比）。

更为重要的一点是,身体运动的活跃度会从一个人传染给另一个人。周围人的身体运动活跃的话,自己也容易活跃起来;周围人的身体运动停滞的话,自己也会停滞[8]。这一点已经通过大规模的数据测量与分析得到了证实。

哈欠会从一个人传染给另一个人,这是我们经常经历的事情。而身体运动的活跃度也会传染,并产生一系列的连锁反应。也就是说,活跃的身体运动和停滞的身体运动也在互相传染。

这和物理学中的磁性原理十分相似。具体来说,磁铁内部微小的磁铁(称为spin)相互统一方向,从而形成了N极和S极。由于相邻的spin倾向于同一个朝向,因此产生了统一的方向,即形成了磁铁。物理学中,将这种群体自发形成的现象称为"协作现象"。

在人类群体中,人们经常通过开会或站着谈话等方式,与周围的人相互影响,这时发生的活跃度传染的现象也属于协作现象。我们已经证实,可以通过解释磁铁特性的物理模型(称为"伊辛模型"),对活跃度传染的现象加以定量说明。在多人聚集的场所,人的身体运动会产生群体性协作现象,人与人之间的相互影响,决定了其活跃度。

我们往往简单地认为,自己的身体由自己(或者自己的大脑)决定。但是这并不正确,我们深受周围人的影响,同时也影响着周围的人。

也就是说,群体内的身体活动中存在一种连锁反应。一个人的身体活动一旦活跃起来,就会产生一系列的连锁反应,使得周围人的身体也随之活跃起来。不知不觉地,我们就成了这种连锁反应的一部分。

而且,身体运动的活跃度与幸福的相关性在此具有重大意义。因为身体运动会传染,这就意味着幸福也会从一个人传染给另一个人(前面说过,幸福与个人活动量的增加息息相关)。如果将我们主观感受到的幸福视作随着群体运动的活跃而产生的感觉(多半是后来产生的感觉和意识),那么实验事实就符合逻辑,可以理解了。

如果我们承认了这一点,那么幸福就成了一种群体现象。与其说幸福是从个人内部产生的,不如说幸福是在群体中，因人与人之间的相互作用产生的。并且如果群体中产生了幸福，那么企业的业绩和生产力就会提高。

我们已经证实，即使是呼叫中心这种看似个人发挥较多的接线业务，群体的力量也会对结果产生极大的影响。在身体运动会产生活跃连锁反应的现场（一般的说法是有活力），生产力就会提高；反之，在身体运动难以产生连锁反应的现场，接线员身体运动的开关就会闭合，生产力随之降低。

在活跃的身体运动的作用下，呼叫中心的生产力提高了 10%~20%。但是，很明显这个数值是最低值——因身体运动的连锁反应而提高的活跃度在此对生产力的影响是最小的。之所以这样说，是因为在比呼叫中心更注重群体性的业务中，群体的力量将发挥更大的作用。

为了发挥这一效果，必须推动人们采取行动。指示别人去主动采取行动，在表达上就自相矛盾，但是我们可以创造一个有利于主动活动身体的环境。

其中，休息时间或者午休的环境尤为重要，因为休息时间是如何度过的，将影响到之后的业务。经实验证实，如果在休息时间能跟别人愉快地聊天，进而使身体运动产生活跃的连锁反应，之后的业务生产力就会提高。实验还证实，如果领导和管理者主动跟员工打招呼，全体员工的身体活跃度也会提高。

在这里我想起了一件事。以前，日立每年秋天都会在各地的事务所举办员工运动会。为此日立投入了大量的时间、精力和经费。当时我还年轻，印象中运动会前的1个月就没怎么工作。工作期间，我们还在开"扳倒旗杆"①和"拔河"的作战会议。有时候，有人因为工作的关系提出无法参加练习和作战会议，前辈就会训斥："你分不清运动会和工作孰轻孰重吗？"前辈希望对方回答的是"当然是运动会更重要"。

1990年前后是日本的泡沫经济时代，社会上充斥着浓厚的个人主义氛围，很多人主张"时代已经变了"（应该废除运动会），自此运动会便逐渐消失了。

现在回想起来，当时运动会作为公司的一项大型活动，

---

① 两支队伍各有一根旗杆，在保证自己一方旗杆不倒的同时推倒对方的旗杆即为胜利。——译者注

大幅提高了现场的活跃度,促进了生产力的飞速提升。"运动会和工作孰轻孰重"的潜台词是"运动会更重要"。的确,哪怕是削减工作时间,也应该举办运动会——这是前人的直觉。如前文所述,现在我们已经有了证明运动会的作用的科学证据。如果当时就有这样的证据,想必运动会就不会被废除了。

2.8 身体运动活跃的职场的优点

前面我们得出了一个结论：身体运动的连锁反应会对商业产生极大的影响。事实上，这个结论不仅适用于呼叫中心，在其他很多地方都适用。

迄今为止，我们用传感器在很多公司测量了员工的身体运动，并以员工为对象进行了问卷调查。

其中包括来自11个组织的630名员工的数据组，这些员工从事软件开发、研究开发、设备设计、管理等休息时间不确定的业务。分析这些数据后发现，参与问卷调查的员工的平均压力水平与加速度传感器测出的群体身体运动的活跃度（员工的平均活跃度）有很大关联。职场平均压力水平高，员工在群体中的平均活跃度就低；反之，职场的平均压力水平低，员工在群体中的平均活跃度就高。

另一方面，从问卷调查得出的幸福水平（主观幸福度）来看，在群体平均活跃度高的职场，员工的幸福水平高；反之，在不活跃的职场，幸福水平比较低。

前面已经说过，幸福水平高的话，业务生产力会提高37%，创造性会提高300%。结合这点来考虑，我们发现，能否在职场中通过身体运动的连锁反应来提高活跃度，或者创造一个可以提高活跃度的职场环境，直接关系到公司的业绩。

还有另外一组数据，调查对象是能源、信息、电子、材料等多个领域的技术人员。虽然他们同为技术人员，工作内容却大不相同。例如，信息领域的技术人员一整天都对着电脑开发软件；能源领域的技术人员会在现场做实验，以启动大型发电机；电子领域的技术人员或是在洁净室试制产品，或是在实验室测试电路。他们各自的业务和领域不同，沟通量也截然不同。

但是，对众多领域的技术人员来说，对话时身体运动的活跃度与问卷中"你在积极解决问题并努力创新了吗"的答案有很大的相关性。在身体运动活跃的对话现场，人们会积极解决问题，并努力创新。而在对话时身体运动不活跃（身体运动少）的现场，人们不会积极解决问题或努力创新。积极发现问题并别出心裁地解决问题的技术人员和不积极解决问题的技术人员相比，工作成果和生产力会有天壤之别。

重要的是，对话时的活跃度不是主观的产物，而是根据传感器的测量数据推算出来的、有明确定义的客观指标。前面说过，所谓活跃度，指的是身体运动超过基准值的时间占规定时间的比率。对话时活跃度的大小与问卷中"积极解决问题并努力创新了吗"的回答数量息息相关。即使从个人角度来看，对话时身体活动频繁的人，更倾向于积极解决问题并努力创新。相反地，对话时身体活动少的人，不太倾向于积极解决问题或努力创新（在这里，我们比较的不是同一个人在一段时间内的身体运动，而是不同的人之间的身体运动。而关于幸福感，我们比较的是同一个人在一段时间内的身体运动。还要注意的一点是，我们测量对话的活跃度，并不是看每个人1天的活跃度）。对话时长因人而异，这与"积极解决问题并努力创新"一题的回答数没有关系。因为对话量的多少因工作种类而异，单看对话量无法判断与此问题的关系。

从群体的角度来看，对话时身体运动活跃、群体平均活跃度高的职场，可以让人很容易地进入积极行动的状态。这样一来就形成了率先发现问题，别出心裁地解决问题的职场。

综上所述，我们可以从大量的数据中发现一个简单的结论。即人的身体运动会诱导周围人的身体运动，在这种连锁反应的作用下，会产生群体性身体运动。如此一来，人们就进入了积极行动的状态，员工的幸福感和生产力都得以提升。

在呼叫中心这种以个人作业为中心的业务中，积极的行动可以促使生产力提高 10%～20%，在更需要团队作业的业务中，生产力有望提高 37% 以上。而在那些更加要求创造性的业务中，甚至可能提高 300%。

在 Gap 公司，我们以 1,000 多万名员工为对象，调查了员工行动积极带来的影响。员工行动积极的公司和行动消极的公司相比，平均每股的利润率差异高达 18%。因此，其因果关系如下所示：

员工身体运动的连锁反应，促进活跃度的提升
↓
员工的幸福感和满意度提高
↓
高生产力与高收益

2.9 打造活力职场是一项重要经营项目

身体运动的活跃度是一个可测值，平常的说法是，将现场的活跃程度（或者生气和活力）转化成了数值。如果被问到"是否充满活力的职场比较好"，想必很少会有经营者给出否定的回答。

但是，我们要认清一个事实：一直以来，打造活力职场在企业经营中并不处于优先地位，经营者也从未在这上面投入时间和资金。其原因在于，过去人们没有明确认识到职场的活力与公司收益具有相关性。

在企业经营中，经营者为了获取收益而决定经营方针，并为此实施具体的经营对策。这些做法都需要逻辑解释。一直以来，虽然人们觉得组织最好是充满活力的，却没有一种逻辑将活力与收益联系起来。因此，活力不处于优先地位。但是，我们的一系列研究为此打开了突破口。

如果现场的活跃度提高，生产力和收益也随之提高的话，对经营者来说，在提高现场活跃度方面的投资便有可能成为最有效的投资方式。这样一来，我们就开辟了一条新的道路——以较低的投资来提高收益。

相反，如果经营策略具有副作用，会降低现场活跃度，那么就会使收益相应地减少。迄今为止，人们还没有具体考虑过这一影响。

2.10 我们也要考虑 IT 会降低生产力

现场的活跃度与生产力及成本直接相关，实际上也会大大影响企业的信息技术（IT）。

近 20 年来，在 IT 系统的作用下，企业的业务环境焕然一新。为了导入 IT 系统，企业投入了巨额资金，并在此后的系统运营和维护上不断投资。

人们为了提高业务效率和生产力，设计出了 IT 系统。因此，在开发业务用 IT 的过程中，人们一直都是通过分析业务流程（程序），并根据该流程来设计 IT 系统的。

然而，在以往的 IT 设计中，人们完全没有考虑到现场活跃度的重要性。

导入 IT 之后，表面上看效率提高了，但其实很多情况下，IT 的导入会排除群体身体运动的连锁反应所需的要素，进而导致能够促进活跃度连锁式提高的体系瓦解，结果反而降低了生产力和创造性。IT 本应是提高生产力的工具，有时却成了降低生产力的原因。

比如，过度依赖邮件会剥夺人们原本应该直接面对面、通过身体运动进行交流的机会。以前，下属会请领导在纸制文件上盖章，并借此机会通过身体运动来了解领导的想法和工作的优先顺序。而现在，由于领导的审批程序已经IT化，下属也就失去了这个机会。我们忽视了导入IT系统的负面影响，而这是否造成了业务生产力的下降呢？

从更宏观的角度来看，这是否是造成日本近20年来优势地位急剧下降的原因之一呢？20世纪80年代之前，日本企业通过活跃职场推动了员工的积极行动，进而促进了经济的迅速发展。但是后来企业的生产力和创造性都下降了，而这时正好是企业导入IT系统的时候。当然，美国等其他发达国家基本也在这个时候导入了IT系统，但不同之处在于，日本对职场活跃性的依赖度更高。因此，职场活跃度的下降对日本企业的生产力和创造性的影响更大。

现在，是时候依据有关人类的科学知识，重新构建IT系统和经营体系了。新的IT系统必须能够推动员工的积极行动。

2.11 通过幸福科技创造幸福指标

如果任何人都能随时随地、精准测量并控制自己的幸福,那么不仅是工作,社会的方方面面都将发生变化。

若家人共享幸福的数据,家人之间就能互相帮助。毕竟人生不是一帆风顺的,有时我们也会面临危机。这时,如果有可靠的家人不计得失地支持我们,对我们将是巨大的帮助。借助传感器技术,即使与家人天各一方,也能彼此共享人生的变化,互相扶持,甚至是与年迈的父母分开生活了,也能互相感知到对方的情况。

在行政领域,人们一直将GDP作为衡量国民生活质量的常用指标。但是,诸多研究调查表明,GDP一旦超过最低水准,就与国民幸福度无关了[9]。因此,英国、法国、奥地利、不丹和日本等国都表示,要创造一个超越GDP的新指标。

如果我们能使用传感器技术测量幸福,那么国家领导人就可以实时监测国家的规章政策是否与国民、社区的幸福度挂钩。这将从根本上改变政治和行政流程,或许从此就可以采取一种前所未有、灵活崭新的方式治理国家了。

# 第 3 章

求"人类行为的方程式"

3.1　人类行为中存在方程式吗

在第 1 章中，我们根据身体活动科学定量地分析了人类行为，证实了人类行为完美遵循 U 分布统计规律。虽然从表面看来，人的性格、想法、成长环境等各有不同，但实际上，人们身体运动的统计分布曲线呈现同一形状。这是一个惊人的事实，也是一个巨大的发现。接着在第 2 章中，我们介绍了身体运动是人类的终极目标——幸福的来源。

在本章，我们将进一步分析并证明：从统计规律中可以导出人类行为的方程式。

回顾科学的历史我们会发现，科学中方程式的出现是人类的一大转机。在距今 400 年前的 17 世纪，正处于近代科学的黎明之前。当时，日心说和地心说两种观点相互对立，天文学家和占星学家被混为一谈，女巫审判案件的情况屡屡发生。

此时，丹麦天文学家、占星学家第谷·布拉赫收集了大量有关天体运动的数据，当时担任他助手的是德国的约翰尼斯·开普勒。在布拉赫突然去世后，开普勒认真研究了布拉赫留下的天体测量数据。他发现行星并不是沿着过去认为的圆形轨道运转，而是沿着椭圆形轨道运转，这就是所谓的开普勒定律。

在从大量的数据中发现统计规律这一层面上，第 1 章介绍的 U 分布的发现或许就类似于开普勒定律的发现。实际上，我们研究小组收集了超过 100 万天（同一个人不同的一天也算作 1 天）的详细人类行为数据，这些数据大显神威，与开普勒定律的情况很相似。

继开普勒定律之后，方程式的出现代表了真正科学时代的开始。牛顿发现了物体运动的方程式，借助该方程式，我们可以统一理解并预测从天体到苹果的各种物体运动。从这个意义上来说，方程式就是推动后来科学发展的"魔法杖"。

牛顿创造的方程式这一"魔法杖"超越了物体运动的范畴，陆续扩展到了其他领域——电磁现象中的麦克斯韦方程，流体现象中的纳维－斯托克斯方程，热现象中的玻尔兹曼方程，原子运动中的薛定谔方程……可以说，方程式的发展史就是这 300 年来科学的进步史。自此，人类确立了所有自然现象都可以用方程式来理解的科学体系。毫不夸张地说，现在理工科大学的教育，就是关于这些方程式及其应用的教育。

然而，目前方程式仅在物质现象和自然现象中成立。人们普遍认为，在社会现象和人类行为中不存在类似的方程式。之所以这样认为，是因为人们觉得人类和社会太过复杂，无法用方程式表示出来。

在本章，笔者想和大家一起跨越这个难关。

3.2 方程式究竟是什么

在寻求人类行为的方程式之前,我们先梳理一下方程式究竟是什么。

方程式的特点在于,用统一而普遍的定律来总结多种多样、各不相同的现象。在人类社会中,每天都有各种各样的人聚在一起,发生着形形色色的事情。这时,人们往往会认为,"在如此多样的现象中,怎么可能有统一的定律"。

"或多样,或统一",这话听起来好像是说,只能有一方正确,另一方错误。但是回到300年前的话,月亮和苹果分别属于天体和水果这两种完全不同的种类,而从中发现统一定律的就是牛顿。月亮和苹果跨越了种类的差异,遵守着相同的运动定律。性质不同与遵循统一定律并不矛盾。最先察觉这一点的是牛顿,此后科学家们将这一原理彻底应用到了所有事物上。

为了合理解释现象的多样性和规律性,方程式要具备某个特点,即表示在时间轴(或空间轴)上发生了怎样的急剧变化（状态量的变化用"坡度"或"倾斜度"表示。在数学上称为"微分"）。我们关注的不是状态本身，而是状态量的变化（倾斜度）。

例如，我们手上拿着苹果，在放手的瞬间，苹果的状态即其位置和速度就开始变化。速度以重力加速度 g 开始加速，然后不断向下加速。牛顿方程式证实了一个原理：物体每时每刻都在从现在的状态转变为下一个瞬间的状态（Generate）。从这个意义上看，"Generator"就是创造出每时每刻变化的体系。

但是，该物体有多大、一开始在哪里、往哪个方向移动了，以及什么时候会施加什么力等，并不受方程式的限制。就像前面举的月亮和苹果的例子一样，方程式的对象可以是多种多样的。通过改变方程式的参数（常数和限制条件），就可使其适用于各种情况和物体。这样一来，遵循统一的方程式（即 Generator）和多种多样的现实之间就不矛盾了。科学之所以能适用于宇宙万物，就得益于方程式的这个特点。

在这里，我们可以用"微分"一词来表示从现在的状态转变成下一个瞬间的状态（Generator）。为了科学地理解世界，基于方程式的上述特点，我们必须在方程式中使用微分。牛顿和莱布尼茨之所以创造了这种新的数学工具——微分，是因为迫切需要使用数学方程式，合理且科学地同时表示现实的多样性和统一性。

如果在对人类和社会的研究中我们也能利用好方程式的这个特点的话，就可能在不违背各种社会现实的情况下，找到统一的定律。下面就让我们来具体看一下。

3.3 与人的再次见面遵循普遍定律

为了在人类行为中找出方程式,我们必须先找到创造出每时每刻变化的规律。也就是找到我们行动、人生的Generator(定律)。介绍这些需要一些数学工具,笔者在介绍时尽量不使用数学公式。

我们已经说过,创造出每时每刻变化的体系是Generator,在定量地表示Generator时,微分是一个重要的工具。

但是,仅仅靠简单的微分无法捕捉人类和社会,因为人类和社会中存在很多不连续的变化,而微分原本是分析连续变化的物体运动的工具,表达的是变化的坡度(倾斜度)。如果用微分来表示不连续的变化,变化的坡度(倾斜度)就会被无限放大。

例如,身体是否活动、是否与领导见面等,这些状态都是不连续且分散的。动或者不动,见或者不见,是非此即彼的关系。人类就在这种不连续且分散的状态之间游走。

下面举一个具体的例子。试想一下，当我们与人见面时，是否可以找到创造变化的 Generator 呢？我们与人见面，分别，再见面。见面的频率各不相同。也许和某个人每天都见面，和另一个人每周见 1 次，和有些人的见面时间并不确定。

我们将上一次见面与下一次见面之间的时间称为"见面间隔"，以此作为衡量见面现象变化的定量指标。例如，假设你和你的领导藤田科长一起吃午饭，下午 1 点分开。接着你又在下午 3 点的会议上见到了藤田科长。这时的见面间隔就是 1 点到 3 点的 2 个小时。

我们来思考一下从没见面状态变成见面状态，这种分散活动发生的概率。这一概率有可能是每秒 10%，也有可能是每秒 30%。我们将此概率看作 Generator（这涉及专业知识，大家可以跳过不看。其数学定义是，分别之后在时间 t 之前没有再次见面的条件下，在接下来极短的时间 Δt 内发生活动的概率密度）。也就是说，它表示的不是活动的不连续变化，而是概率的变化，在这里也会使用微分。

如果见面是以一定概率随机发生的，那么它在统计学中就会遵循泊松分布（类似于第 1 章中提到的正态分布）。你站在路边等出租车，直到遇到空车前的这段时间遵循的就是泊松分布。路上平均有多少空出租车是一个确定的统计值，只不过运气好的话立刻就能遇到，运气差的话则要等很长时间。经过多次试验，可以得到平均等待时间——这就是泊松分布。实际上，遇到出租车这一活动的 Generator 相当于平均等待时间 τ（希腊字母 tau）内遇到 1 次出租车的概率，可以用方程式来表示（后面论述）。

与人见面，比如与藤田科长见面的概率是怎样的呢？它遵循的是平均 1 小时见 1 次的泊松分布吗？

利用我们开发的可穿戴式姓名牌传感器[1]，就可以将人们见面间隔的实际情况转换为定量数值，从而验证见面间隔是否遵循了泊松分布。

前面说过，该传感器的大小和名片一样，形状与姓名牌相同，里面嵌入了红外线传感器，可以测出传感器佩戴者之间的见面情况。而且里面还安装了加速度传感器等，既可以检测出自己面前的传感器佩戴者，又可以检测出身体的晃动和朝向。这些有关物理量的数据组每时每刻都会被记录在姓名牌传感器中，然后传输至服务器并积累起来。

我们使用该传感器收集了大量现实社会中的见面数据后发现，见面概率与时间的关系并没有呈现泊松分布。迄今为止，我们测量了大量人与人之间见面的数据，共计超过100万天。从经营者到新员工，从技术员到营业员，包含了各种各样的人之间见面或者不见面的数据。

我们根据大量的数据，在分析了时而与人见面、时而独自一人的这一变化后发现，距上一次见面之后，时间过得越久，再次见面的概率就越低。将距离上一次见面的时间用 T 表示，再次见面的概率就与 $1/T$ 成正比。

假设你和藤田科长见面之后已经过了1个小时。我们将再次见面概率用 P 表示，那么2小时后的见面概率就是 $P/2$，3小时后的见面概率就是 $P/3$。这个规律既适用于公司领导，也适用于新人；既适用于营业员，也适用于研究人员。

用一句话来说，我们已经证实，距离上一次见面的时间越久，就越难再见（见面概率下降）。而且这一规律完美地遵循了反比的定律，我们将其称为"$1/T$定律"。

各种领域的人都像被无形之手操纵了一样，遵循着 $1/T$ 定律。人们是按照统一的定律来行动的。

这也就意味着，我们发现了引发见面活动的 Generator。

3.4 以见面概率为基准思考，则时间的流逝各不相同

"去者日以疏。"

古人用这句话来表示，即便是亲密之人，若长久不见，也会渐行渐远。从另一个角度来看，也可以解释为，我们与远去之人的时间流逝是不同的。

实际上，结合刚刚经过大量数据分析得出的结果，这句话可以作为一个定量法则，即时间的流逝是时快时慢的。

举个例子，假设你需要在各个工作阶段见到藤田科长，向他进行汇报、请求审批，否则工作就推进不下去。在这种情况下，与藤田科长的见面，就在你的工作中发挥了钟表的作用。也就是说，你与藤田科长的见面概率一旦下降，工作上的时间就会流逝得很慢（工作毫无进展）。

反过来，我们以工作时间流逝为基准，重新审视一下物理学意义上的时间流逝。与藤田科长见面后，物理时间流逝，见面概率降低，工作时间流逝变慢，工作停滞不前。

为此，我们要以工作时间为基准，重新把握物理时间。这样一来，钟表看起来会走得很快（也就是说，工作停滞不前，物理时间却马不停蹄地向前走）。两天后你会感觉钟表转动的速度比前一天快两倍。如果4天都没有见到藤田科长，就会感觉钟表快了4倍。也就是说，时间流逝的速度是不同的，见面间隔越长，就感觉时间过得越快。

如果我们对人类和社会科学反复进行定量分析，就会重新发现自古以来广为人知的智慧。但是，科学定量数据至关重要，它与单纯地引用古语有本质区别。古人所说的"去者日以疏"，或许只是他当时抒发的主观感受，因此我们可以说"我不这么认为""现在时代已经变了"。但是在有了数据后，一切都变得清晰了。

3.5 $1/T$ 定律也适用于回邮件等其他行为

实际上，$1/T$ 定律不仅适用于见面这一种情况。

例如，美国东北大学的艾伯特 – 拉斯洛·巴拉巴西教授收集了大量的数据，调查从收到电子邮件到进行回复的时间，并进行了解析[2]。巴拉巴西教授没有从决定时间概率变化的 Generator 的角度进行解读，而是集中精力分析了一种叫幂律分布的统计分布曲线。

我们从 Generator 的角度重新分析了一下这些数据后发现，距离收到电子邮件的时间越久，回复的概率就越低。如果回复之前的那段时间用 T 表示，那么回复概率与 T 成反比（与 $1/T$ 成正比）。也就是说，从收到电子邮件到进行回复的这段时间遵循 $1/T$ 定律，这段时间越久，回复的概率就越低。

此外，东京大学的中村亨先生等人还调查了人们在日常生活中的安静状态能持续多久（身体活动少的状态）[3]。

安静状态会因起身、被人搭话而打断。我们借助加速度传感器检测人何时会从安静状态转为活动状态。该研究没有在 Generator 的角度上进行解析,而是集中精力对活动的发生频率进行了统计分析。

我们从 Generator 的角度重新分析了这些数据后发现,假设安静状态的持续时间为 T,那么转为活动状态的概率就是 $1/T$。从持续了 1 小时的安静状态转为活动状态的概率是 1 的话,从持续了 2 小时的安静状态转为活动状态的概率就是 $1/2$。由此可知,$1/T$ 定律在这里也成立。安静状态持续得越久,越难转为活动状态。

更重要的一点是,中村先生的数据包括对精神健康者和精神抑郁者的比较数据。从 Generator 的角度上分析这一数据会发现,精神健康者和精神抑郁者都会遵从 $1/T$ 定律,从安静状态转变为活动状态。但是,就转变概率而言,精神健康者比精神抑郁者大约高出 20%。

也就是说,如果我们测出由安静状态转变为活动状态的概率,就可能掌握人在受压力影响时的变化情况。该转变概率可以用可穿戴式传感器测量得出。这样一来,我们

接单率

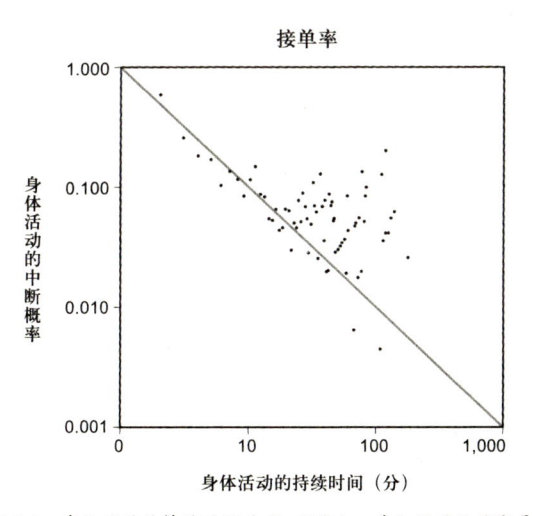

图3-1 身体活动的持续时间为T，T越大，身体活动就越容易持续下去（中断概率下降）。至少在大约10分钟以内，中断概率与$1/T$成正比。请注意在这张图中，纵轴和横轴的数字均为对数。

就可以对自己承受的压力大小进行简单的确认了。

我们还有一个重要发现。在与东京工业大学的三宅美博教授的共同研究中，伴随肢体活动的人类行为的持续时间一般遵从$1/T$定律（图3-1）[4]。我们在分析了可穿戴式传感器测出的有关人类行为的大量记录后发现，一旦活动开始，时间越久，停下的概率就越小。用T表示活动从开始到停止的时间，活动中断概率完全与$1/T$成正比。T越大，概率越小。当然，$1/T$ 定律是有极限的——持续时间基本为 20 分钟到 100 分钟。到底能持续到什么时候，还要看当时的环境条件。

3.6 行动持续越久越停不下来

如前所述,从上次见面到再次见面的时间间隔,从收到电子邮件到回复邮件的时间,从安静状态转为活动状态的时间,伴随肢体活动的人类行为的持续时间,这4种活动均遵循1/T定律。这表明,Generator在各种人类行为中均发挥着基本作用。

关于该定律,通俗地说就是持续得越久越停不下来。不管是不与某个人见面、不回电子邮件,还是安安静静休息的状态、伴随肢体活动的行动等,都具备持续得越久就越停不下来的性质。

如果想要分别说明这4种行动中共通的1/T定律,那可以说的内容有很多。

例如,关于见面间隔,我们可以这样解释:距离上次见面时间越久,越容易进来其他工作,因此也就越不容易再见。

收到邮件后一直不回的话,说明邮件中涉及的事本来就很棘手，不能简单地给出回复，之后可能就越来越难回复了。

但是，像这样的个别说明无法证明各不相同的 4 种行动中存在统一的 $1/T$ 定律。在人类和社会的行动中，或许存在更普遍的机制。

3.7　$1/T$ 定律与 U 分布相同

实际上，上述 1/T 定律可以从第 1 章介绍的 U 分布中导出。

人的行动，是每分每秒的无数行动选择不断积累的结果，不管人的个性和处境如何，都遵循统一的统计规律——U 分布。随着行动的不断积累，资源分配会出现不均，行动会完美地遵循数学定律。没想到，人的行动竟和空气中分子的能量分布遵守同一个公式。

我们可以用方格中的小球将 U 分布转化为一种普遍的模型（图 1-3）。用图表来表示 U 分布时，横轴表示方格中的小球数，纵轴表示小球被装进多少个箱子。在这里，1 个方格代表某人的 1 分钟，小球数代表 1 分钟内胳膊的活动次数，这样一来，普遍的分布规律就出现了。

但是，我们还要注意小球和小球的间隔。去掉图 1-3 U 分布图中的网格后再看一下各小球的间隔。在该模型中，我们可以用小球与小球的间隔表示从某项活动（即胳膊活动、收到邮件、与人见面等）发生到下次发生的时间间隔。

在 U 分布中，将小球与小球的间隔作为横轴重新统计，结果正好遵循了 $1/T$ 定律。具体来说，将相邻小球的间隔（T）作为横轴，将该间隔的发生概率作为纵轴，则纵轴与横轴成反比（假设横轴数值是原来的 10 倍，则纵轴数值变为 1/10），即 $1/T$。

在第 1 章中，我们统计了方格中的小球数，发现其分布曲线是逐渐下降的（指数函数），并称之为 U 分布。而现在，我们统计了相邻小球的间隔（距离），发现其分布成反比关系（$1/T$），也称之为 U 分布。事实上，虽然着眼点（统计的量）不同，实际状况却是相同的（章末注 1）。

3.8 记述人类行为的方程式

在第 1 章中,为了制作 U 分布,我们首先随机分配了小球,然后随机移动了小球。实际上,如果我们一开始就按照 1/T 定律来分配小球间隔,就能直接生成 U 分布。

这种直接生成人类活动(胳膊活动、收到邮件、与人见面等)分布规律的公式,就是我们一直在寻找的人类行为的基本方程式[5]。

$$\frac{\mathrm{d}P(t)}{\mathrm{d}t} = -\left(\frac{1}{T}\right)P(t) + F(t) \qquad (3.1)$$

在这个方程式中,$P(t)$ 指时间 t 内,上一个活动(胳膊活动等)发生后,下一个活动没发生的概率(累积概率)。方程式左边是 $P(t)$ 除以时间,右边是 $P(t)$ 乘以时间 t 内下一个活动发生的概率(概率密度),前面再加一个负号。它表示的正是活动的 Generator。T 表示自上一个活动之后经过的时间。$F(t)$ 是外部施加的力，会导致行动偏离 U 分布。由于方程式右边有 1/T，因此称为 1/T 方程式。

如果活动（胳膊活动等）是随机发生的，不遵循 U 分布，那么它遵循的就是第 1 章和本章开头所说的泊松分布（近似于正态分布）。泊松分布的方程式早已被导出，如下所示。

$$\frac{dP(t)}{dt} = -\left(\frac{1}{\tau}\right)P(t) \qquad (3.2)$$

在这个方程式中，τ 是表示时间的常数，代表活动的平均时间间隔。但是，这个式子与身体运动和见面间隔的实测结果并不一致。

我们来对比一下与实测结果完全一致的 U 分布（3.1）方程式和不一致的泊松分布（3.2）方程式。在泊松分布（3.2）方程式中，右边有一个常数 τ。它表示下一个活动都是以一定的频率发生的。换言之，这意味着时间的流逝是固定的。而在（3.1）的 1/T 方程式中，时间的流逝随着时间 T 逐渐加快。这是用数学方式来表示 1/T 定律——行动持续得越久越停不下来。

重要的是，该方程式成功预测出了经验性定律。也就是说，对于埋头工作时时间就会过得很快（这在心理学中称为"心流体验"，后面会详细说明），不回复的邮件会愈发难以回复，不见面的人会愈发疏远（"去者日以疏"）等现象，我们可以进行定量预测了。

我们有时会觉得时间的流逝不尽相同，而 $1/T$ 方程式为这种主观感觉赋予了科学依据。当今时代，我们通常认为钟表是将时间定量化的唯一手段。但是在古希腊，有两个表示时间的词将时间明确分成了两类——机械、物理上的时间流逝称为"克罗诺斯时间"，而人类内心、主观感受上的时间流逝称为"凯罗斯时间"。如果说对应钟表时间的克罗诺斯时间是科学、客观的，那么人们可能会认为，主观的凯罗斯时间是非科学的。但是，如果用前后两次身体活动的时间间隔来定义时间的话，就可以为主观的凯罗斯时间提供客观的依据。上述方程式客观表示了古希腊所说的主观时间流逝的概念。

然而，严格来说，$1/T$ 方程式只在没有外部力量和限制的情况下才会成立。就像第 1 章所说，U 分布表示人类行为的自由度，如果因为一些原因受到了限制，那么人类行为就会偏离 U 分布。

表示 Generator 的方程式（3.1）中有一个外力 $F(t)$，在外力的作用下，行动会偏离 1/T 定律。偏离 1/T 定律的 $F(t)$ 的大小因人而异，这就意味着，阻碍（或限制）人类自由行动的外力大小因人而异。

3.9 将主观概念
转化为客观数值

从 $1/T$ 方程式中,我们能得到什么信息呢?实际上,该方程式中隐藏的最重要的信息是:集中精力做事的时候,是人类最自然的状态。$1/T$ 方程式右边的 $F(t)$ 表示的是限制自由行动的外力。不受外力干扰,就相当于不受限制的自由状态。这种情况下,行动就像上了发条一样,持续得越久越停不下来。这才是人的自然状态。这就相当于日常生活中所说的"聚精会神""专心致志""全神贯注"的状态。

物体运动时,如果没有外力作用,就会保持匀速直线运动。这是牛顿第一运动定律。我们将使物体脱离自然匀速运动状态的作用力称为"外力",这样一来,就可以从定量角度定义物体承受的外力了。这是牛顿第二定律。

我们将行动不受限制的自然状态称为"集中精力"。

可能很多人觉得要想集中精力,就要勤奋、努力,但是该方程式表明,集中精力做手头的事,就是我们的自然姿态。

说到这里,想必有人会质疑,这个方程式真的能表示人类集中精力的状态吗?同样地,集中精力的状态因人而异,不能一概而论。

在测量和定量分析人类行为时,上述疑问是不可回避的基本问题,故在此多加说明。我们用大家早已熟知的温度来进行比较说明。

物体的冷热程度可以用温度计来测量。温度计利用了酒精等物质热胀冷缩的性质,通过受热体积膨胀来测量冷热程度。但是细想一下,其实"热"也是多种多样的。

滔滔最上川,炎日入海流。
幽幽林中寺,闲岩入蝉声。

这是松尾芭蕉在《奥之细道》中吟咏夏天的诗句。这两句体现出来的炎热的性质是截然不同的。第一句表现的是,在最上川注入日本海的地方,立于高台之上观赏鲜红晚霞照耀河川时的热；第二句表现的是幽幽密林中，只看到阳光透过树枝，听到蝉声在耳边回荡时的热。古往今来，日本的歌人、俳人都在表达各种形式的热（温度）。

现实世界中，既有梅雨季节的闷热，也有沙漠的干热。既有加热后金属的热，也有沸腾的水壶中冒出水蒸气的热。热的种类很丰富，即使同为30摄氏度，有时是不堪忍受的热，有时却是较为舒适的热。

毫无疑问，现实世界中存在各种各样的热。我们一方面承认这点，另一方面却用温度计将酒精的膨胀量视作温度，用一个单一的尺度将"热"转化成了数值。其实这只不过是现实世界中"热"这一概念的冰山一角。

尽管如此，对温度的定义和测量仍然意义重大。如果没有温度这个共通的尺度，对受温度影响的机器进行设计与调控等工作就将寸步难行。在完全没有尺度的情况下，创造一个客观可测的尺度，哪怕这一尺度不能全面反映人类所体验的丰富现实，也可以在论述各种变化时提供一种共通的语言。而且有了测量尺度之后，那些无法用尺度测量的差异反而更加明确了。

在利用温度计的初期实验中，当时的科学家们并不知道温度计测量的究竟是什么（托马斯·库恩《必要的张力》），但可以肯定的是温度计与冷热程度相关。但是，温度计测量的温度与人们感知的"本来的准确温度"有着明显的不同。温度计的测量值相同，人们感受到的温度却完全不同的情况时有发生。因此，我们不禁会觉得，温度计捕捉的不是准确的温度，而是某种复杂难懂的事物。

但现在我们知道了，真正复杂难懂的是我们的感觉。温度计只不过朴素地表达了构成物质的微粒——原子运动的激烈程度。

为了接受温度这一概念，我们需要扭转看法。也就是说，我们必须认识到，并非感觉易懂而温度计复杂难懂，恰恰相反——温度计是客观易懂的测量尺度，而感觉是模棱两可的复杂现象。在300多年前的17世纪，关于温度，人们的看法发生了逆转。

就像人类克服温度方面的思想障碍一样，要想将"集中精力"定量化，也必须克服思想障碍。更何况在集中精力方面，基于个人经验的主观感觉已经遍布各个领域，深深地在人们心里扎了根。不管是业务中、生活中，还是法庭上，人们都在利用经验感觉行事。就像对温度的感觉与温度计的测量值并不吻合一样，对集中精力的科学测量值与经验感觉也不完全一致。

但是，测量值比感觉更客观，有着更加可靠的依据和更为坚实的科学基础。测量值与感觉不同，它可以被大量记录并提供参考，还可以从数学角度来表示数据的变化和规律性。

如果我们确立了新的测量值，就可以通过微分定义变化，通过积分定义积累，还可以将几何学的结构定量化。这意味着，科学在过去数百年来打造的各种工具终于可以派上用场，进步的速度与过去相比将不可同日而语。而且最重要的一点是，一旦对该测量值达成共识，人与人之间就可以共享此概念，进而根据共通的概念开展有效对话。

温度计的历史告诉我们，不应追求测量值与感觉保持一致，而应发现有科学基础的测量值，并确立其理论依据。然后，以此为基础创造一个新的世界观。

通过 $1/T$ 方程式，我们发现了人类最自然的状态——集中精力的重要性。难道迄今为止没有人发现它的重要性吗？

当然不是。集中精力对人类来说是一种特别重要的状态，这在心理学上早已有所认识，而且也一直在进行定性研究。那么，我们在此构建的定量方程式是如何进一步深化前人的智慧的呢？下面我将进行说明。

3.10 测量最优体验＝心流

匈牙利心理学家米哈里·契克森米哈赖教授将人集中精力、全神贯注做事的状态称为最优体验或心流状态[6]。换言之，就是能感受到自己正在做的事情的价值，能发挥自己的能力并享受其中的体验或状况。这里说的最优体验，和我们得出的"人最自然的状态"的结论有异曲同工之妙。

心理学家研究了多年人内心的主观体验。他们利用的方法论是通过问卷调查（即让被测人用数字来回答问题），将人们的感受转化成数字。这样一来，就通过主观的回答将调查对象"心理"转化成了定量数值，并逐渐形成了一门学问。而由新的可穿戴式传感器通过身体运动测出的大数据，客观而定量地揭示了人类行为的特点。

两者就像是从不同的方向攀登同一座山，当两者的智慧在山顶会合，就将客观且科学的知识与本人的主观真实感受融合在了一起，从而使我们能够理解人类的行动。

契克森米哈赖教授曾研究过一些在工作、运动和个人兴趣等方面表现杰出的人，这些人都不约而同地说出了相同的体验。他们都说，自己可以专心致志地做手头的事，忘记时间的流逝，而且还会意识不到自己的存在，感觉自己和周围融为了一体，可以随心所欲地控制对象。

处于最优体验即心流状态时，人就会体会到一种愉悦感和充实感。另一方面，我们发现，当所注意的对象瞬息万变，令我们无法集中精力时，就浪费了我们的精神能量，使我们难以体会到愉悦感和充实感。

心流体验的频率因人而异，有的人经常在生活和职场中体验心流状态（占1天的40%以上），也有人几乎没有体验过心流状态（还不到1天的10%）。

我们认为心流体验的频率与 $1/T$ 方程式之间可能存在某种关系，并为了验证其对应关系而进行了实验。该实验是和心流概念的倡导者，契克森米哈赖教授共同实施的[7]。

契克森米哈赖教授为了测量心流状态，想出了一个特别的方法，并一直将其运用于实验中。该方法叫做"经验提取法"，现已广泛应用于心理学实验。

在经验提取法中，被测人随身携带传感器和手机。实验者以平均约90分钟1次的频率，让传感器（或手机）随机响起哔声，然后让被测人就哔声响起瞬间的自我状态回答一份简单的问卷。这种方法的关键在于，在出人意料的时候突然"扣下扳机"，留下对当下体验的新鲜记录。所谓问卷的问题，具体指的是：

刚才你做的事困难吗？
刚才你发挥出自己的能力了吗？

让被测人用1到5的数字（5非常符合，1完全不符）回答这些问题。第一个问题将手头工作的"挑战度"转化为数值，第二个问题将"能力发挥度"转化为数值。组合这两个问题的数字，就可以将被测人的状态划分为2×2=4种（图3-2）。

挑战难度大，能力难以发挥的状态为"担心"；挑战难度小，能力得以发挥的状态称为"从容"；平衡"担心"和"从容"这两种状态，集中精力做手头工作的状态称为"心

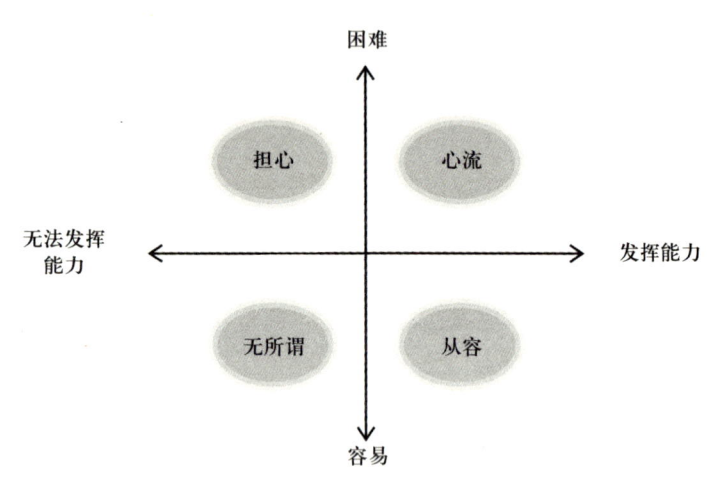

```
             困难
              ↑
        ┌─────┼─────┐
        │ 担心│ 心流│
        │     │     │
无法发挥  ←────┼────→  发挥能力
  能力   │     │     │
        │无所谓│ 从容│
        └─────┼─────┘
              ↓
             容易
```

图 3-2　心流、从容、无所谓、担心这 4 类与能力发挥度、挑战度的关系。

流";能力发挥度和挑战度都低的状态称为"无所谓"。在这里,我们用被测人在特定期间内回答的平均值来划分挑战度和能力发挥度的高低。这样一来,我们就可以将数值偏高的人与数值偏低的人的差异标准化。

通过为期两周的测量,可以获得哗声响起时(几十次)的数值和当时被测人属于担心、从容、心流、无所谓中的哪一状态。

为了调查这种心理体验数值和身体运动的对应关系,我们为被测人戴上了可穿戴式姓名牌传感器,调查他们的身体运动、是否与人见面等情况，同时通过经验提取法展开问卷调查。通过这2周的传感器数据，我们获取了被测人身体运动的特点和与人接触的频率等信息。我们利用这些数据，制作了表示各种身体运动特点的指标，并调查了该指标与此人心流状态的相关性。

我们特别关注了身体运动的持续性。$1/T$方程式告诉我们，人最自然的状态，是身体运动持续越久越停不下来的发条状态。遵守$1/T$定律，也就意味着此人的身体运动遵循U分布。而且在第1章中说过，身体运动遵循U分布时是熵最大化的状态，也可以说是一种行动自由不受限制的状态。如果将这种自由行动的状态与心理学的最佳状态结合起来，说不定可以验证内心和身体的密切关系。

而实验结果也证实了这一点。快速身体运动（2～3Hz，即接近240～360次/分的步行节奏）的持续与最优体验（＝心流状态）的频率密切相关。

具体地说，我们比较了前后两个5分钟的快速身体运动的频率，发现心流频率高的人，身体运动的频率变化较少。容易进入心流状态的人，更倾向于持续进行快速的身体运动。这表明,持续快速的身体运动会促使人集中精力做手头的事,而集中精力的人的身体会持续快速地运动。

顺便一提,经过确认,我们还知道心流体验时不一定会接连产生身体的运动。心流体验的过程中,也并不需要持续或快速的身体活动。

内心的活动和身体的活动就这样联系在了一起。实际上,这个发现为我们掌控自己的人生提供了重要的启示。

人最想又最难掌控的是自己的内心,尤为重要的是是否能够享受其中。我们发现,心流状态表达的是是否享受其中的主观感受,而这种体验频繁与否,与可用传感器测量的身体活动密切相关。在工作和生活中体会到愉悦感和充实感的人,身体运动的持续性也比较高。大家都渴望的愉悦感和充实感,本来是一种抽象无形的感受,但现在成了具体可见的东西。

通过创造一个促使身体持续快速活动的环境,或许就可以在工作和生活中获得愉悦感和充实感。并且,如 $1/T$ 方程式所示,这种身体活动不是特殊的,而是人最自然的状态。

然而，由于工作、社会方面的限制和责任，我们可能会将这种自然的状态抛之脑后。但是，根据我们传感器的测量结果，就可以客观地了解自己的状态。具体来说，根据传感器每天上传的数据，我们可以确认遵守 $1/T$ 方程式的持续活动的频率和心流状态的频率。每天确认体重计的测量，会影响我们的饮食生活。同样地，对身体运动的测量则有望成为使我们的人生保持在高度自由与自然状态的新技术。笔者在看到自己的传感器测量结果后，会有意识地增加 2Hz 以上的快速运动。我们还证实，这一结果与自己对每天生活的满意度有关。快速运动增加后，心流状态出现的频率也明显增加。为此，我有意识地做了一些具体的努力，比如对话时，能站着就尽量不坐着。因为这样的话身体易于活动，容易进入心流状态。在工作停滞时，我会有意识地在办公室里走来走去，以增加超过 2Hz 的身体运动。

自此，我们开拓了一条新的道路——通过控制身体，来控制内心。

注 1

　　U 分布的特点是，从对象事件的频率（或密度）来看，遵循指数函数（数学上称作指数分布）；另一方面，从对象事件的间隔来看，遵循"1/T 定律"，事件间隔的发生频率遵循"幂分布"（即让事件的发生遵循 1/T 定律，统计事件间隔的发生频率，结果呈幂分布）。前面说的巴拉巴西教授和中村先生之所以在论文中称其为幂分布，就是这个原因。

　　但是，一种是事件间隔呈幂分布，另一种是对象事件的频率与密度呈幂分布，这两种现象的意义截然不同。当事件间隔遵循幂分布时，我们仔细看一下事件密度就会发现它遵循的是指数分布。笔者将这种实际状况称作"U 分布"。

　　在物质世界，大家都知道平衡状态下的物质遵循"玻尔兹曼分布"（能量呈现指数分布）。但是，在遵循玻尔兹曼分布的实际物理状态（例如粒子的分布）下，如果统计一下各种物理量（例如与旁边粒子的距离）的分布情况，那么除了指数分布以外，还会出现各种各样的函数分布形式。但是，遵循玻尔兹曼分布的实际物理状态这个前提是不变的。从这个意义上来说，玻尔兹曼分布不是数学上的指数分布的别称，而表示了一种实际物理状态——平衡状态。因此，统计分布相关文献中的讨论便容易陷入混乱。一种"分布"是指数学上的函数形式，另一种"分布"是指物理上的实际状态，人们没有认识到这两种情况的区别（这个解释稍显专业）。U 分布将玻尔兹曼分布普遍化，应用于人类等非物质现象中，它指的不是数学上的函数形式，而是物理上的实际状态。可能有人误以为 U 分布就是指数分布，为了避免这种误解，特作说明。

第 4 章

认真面对运气

4.1 偶然是不可控的吗

我们在第 2 章中介绍过，业务生产力表面看来是由个人能力和性格决定的，但实际上深受周围人的身体活跃度的影响。

这时，"活力"这个乍一看有些陈旧的词语进入了我们的视线。近 30 年来，在崇尚公司运营的理性与逻辑的社会潮流之中，"活力"更是成为无人问津的词语之一。在这里，我们通过解析科学数据，重新认识了活力的意义。

本章中，笔者再举一个与"活力"有着相同遭遇的词——"运气"。

涩泽荣一奠定了日本近代经济的基础，他在其著作《论语与算盘》（1916 年）的"成败与命运"一章中，认真论述了怎样看待运气、如何受到好运加持。

再举一个例子。大文豪幸田露伴写过一本《努力论》（1912 年）。他从序章开始，就以"命运和人力"为题，论述了怎样看待努力与偶然交织的人生、如何生活等。

曾经，运气被如此认真地讨论过。然而，不知从何时起，人们不再认真面对运气了。人们越来越多地将"运气"一词束之高阁，不予理睬。但是，古往今来，我们的人生和工作能否成功，都受到运气的巨大影响。

那么，在现代的商业学校和经营者培训中，人们是否认真讨论过运气呢？实际上，人们不仅不会讨论，甚至认为"运气"与迷信和占卜挂钩，是应当在理性的经营中被排除在外的概念。

在这里，我们将"运气"定义为在人生和社会中根据概率发生的好事，即在人生和商业领域中，人们期望发生的一种概率现象。

这样一来，我们可以将运气看作科学家们多年苦心研究的一种统计现象。统计学原理在方方面面都发挥着作用。科学研究表明，在既没有设计图，也没有指示的情况下，水达到100摄氏度时会沸腾，碱基会相互聚集，形成美丽的双重螺旋结构，这些现象都是随机过程的结果。那么，这些科学理论能否用来认识人生和企业的命运，并将其引向更好的方向呢？

既然遇见好运是一个概率性事件，那我们可能无法预测或猜中运气出现的时机。

但是，当概率现象反复发生时，我们就可以预测并控制现象的发生频率。也就是说，如果我们将遇见好运视作多次反复发生的现象，而非一次性现象，就可以对其进行预测了。例如，掷 1 次骰子能否出现偶数，是由 1/2 的概率决定的，那么当我们掷了 1,000 次骰子，想知道偶数出现了多少次时，就可以预测大约是 500 次。如果掷骰子的次数不断增多，其误差就会越来越小。随着试验次数 N 的增加，运气是否也可以成为能够科学预测的现象呢？

在我们的人生中，每天都在不断地遇见好运，遇见好运的机会每天都在重复。当我们选定一个期间，在此期间内，随着试验机会 N 的增加，对遇见好运的频率的预测精确度也会提高，进而有可能控制运气。结论就是，科学的方法，尤其是统计物理学的方法论是一个强有力的武器，有助于提高我们遇见好运的概率。

人生和社会中发生的事几乎都是必然与偶然交织的产物，抛却偶然因素的事件几乎为零。因此，很多事都是概率性事件，这时运气就显得尤为重要。

但是，我们往往倾向于用"偶然"和"必然"这两个对立概念将事物一分为二，即简单地分为不可控的偶然现象和可控的必然现象这两类。然后我们就致力于控制必然现象，轻易地放弃了不可控的偶然现象，并且还以为这是理性的判断。

但实际上，对于伴随偶然因素的现象，其概率也是可以控制的。打棒球时，击球手不一定每次都会击中。但是，我们通过起用打击率为30%的击球手，而非20%的击球手，就可以提高上垒的概率。不过只看一次打席的话，也会发生20%的击球手击出安打，而30%的击球手没有打到的情况。但是，随着打席数的增多，安打数就会出现明显的差异。对于这种包含偶然因素的现象，如果我们从一开始就放弃了提高概率的可能性，也就等于坐失了诸多良机。

4.2 运气源于与人的相遇

前面我们将运气定义为凭概率发生的好事，如果具体到商业领域重新定义一下的话，可以认为是凭概率遇见拥有自己所需的知识、信息和能力的人。

苹果公司的创始人史蒂夫·乔布斯戏剧性地改变了计算机和人类之间的关系，所以会名垂青史。但在这里，"运气"也发挥了很大的作用（以下内容参考了沃尔特·艾萨克森所著的《史蒂夫·乔布斯传》）。

乔布斯饱尝了失败之苦。为了提高他所创立的苹果公司的经营水平，乔布斯亲自将约翰·斯卡利招进公司。但是由于两人经营方针不一致，乔布斯被迫离开了苹果公司。

就在失意期间，乔布斯参加了一次午餐会，旁边坐的碰巧是诺贝尔奖获得者保罗·伯格，两人谈论起基因重组技术。伯格说，生物学中的实验非常艰辛，有时甚至要花费数周的时间。乔布斯问道："用计算机进行模拟实验怎么样呢？"伯格教授解释说，能做这种模拟实验的计算机太过昂贵，大学是买不起的。就是在那个瞬间，乔布斯察觉到了一种很大的可能性，顿时两眼放光。

在那之后，乔布斯创立了NeXT公司，专门生产面向大学的工作站电脑。NeXT公司本身在商业方面算不上大获成功。但是，在将近10年后，苹果公司购买了NeXT公司的优秀软件，随后收购了NeXT公司，乔布斯以此为契机，重新返回了苹果公司的经营层。该事件与后来乔布斯和苹果公司突飞猛进的发展息息相关。

总结一下，乔布斯在午餐会上与伯格的相遇以及由此引发的伯格的言论，推动了他后来的飞跃发展，即相遇招来了好运。

日本汉字学家白川静指出，自古以来，人们认为幸福四处巡游，因此用了表示"搬运"的"运"字。事实上，很多时候，运气都是通过与人的相遇得到的，包括乔布斯的例子在内，古往今来的传记和体验记录中，都有很多相关记载。

4.3 将运气和相遇转化成理论和模型

如上所述，人与人之间的相遇和对话，有助于我们遇见好运。但是，谁在何时会给自己带来好运，是无法提前设计的。正是因为无法提前设计，才称为运气。

前面已经介绍了记录人与人之间见面情况的可穿戴式传感器技术。姓名牌传感器中装有红外线收发器，将传感器戴在脖子上，就可以随时记录所见之人和相应时间。将这些记录统计起来，就可以制作出"社交图谱"（关系图谱），表示谁和谁有关系、谁和谁在对话。社交图谱用图（由点连成线）来表示人与人之间的关系，当我们想在 SNS 等社交平台上俯瞰朋友关系网时，就可以使用社交图谱。过去，我们很难制作出表示现实世界中的人际关系的社交图谱，但是借助可穿戴式传感器，我们就可以记录人与人之间的见面情况，然后将这些数据输入计算机并制作出社交图谱（卷首插图 4）。

当我们转变一下看法，借助这一传感器就可以将遇见好运的机会定量化了。接下来说明一下定量的方法。

刚才举的史蒂夫·乔布斯的例子中，乔布斯与伯格教授的会面堪称一次"幸运邂逅"，它带来了后来的巨大发展。通过与人的相遇，也许我们可以获得启发，发现对问题的另一种看法。对方可能会介绍我们需要的书籍，甚至介绍我们认识其他人。传感器捕捉的就是这样的机会。

当然，与人见面并不意味着一定会发生什么好事，两者之间没有必然的联系。但是，与人相遇会提高我们抓住好运的概率。借助该传感器，我们可以用数学将这种机会定量化。

实际上，我们并不知道运气存在于何处。自身的需求和周围的供给时刻都在变化。即使供需偶然重合，也只有在两者的共通点成为话题时，运气才会奏效。

下面让我们试着将这种状况转化为理论。假设对自己有用的信息和有能力的人按照一定的概率，随机分布在自己的周围。

在这种情况下，每当自己与人见面时，都有遇见有效信息和能力的可能（或概率）。简单来说，就是你见面交流的人越多，遇见好运的概率就越大。

但是，在见面的人中，既有人脉广、消息灵通的人，也有很少与人对话、信息渠道有限的人。我们可以预见，前者为你带来有效信息（你的运气）的可能性相对较高，而后者的可能性较低。

要想预测见面的效果，可以估量一下对方的人脉情况，即累计一下这些人的见面人数。这与如果连同你朋友的朋友都算在内，你的人际圈将涵盖多少人的调查是一个道理，我们称之为2步以内的"到达度"（图4-1）。2步以内的到达度是衡量是否容易遇见对自己有用的信息和能力（遇见

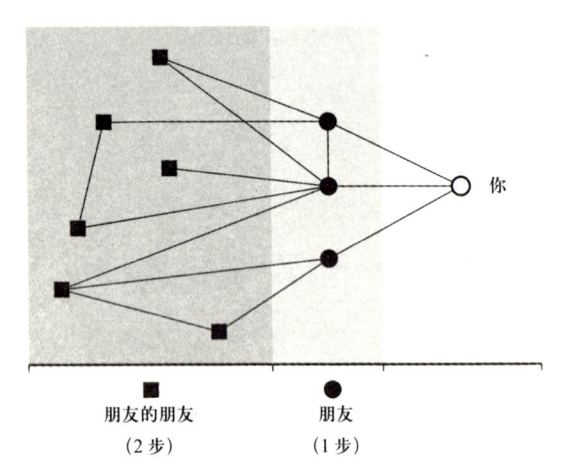

图4-1　表示2步以内的到达度的图。该图中，你的朋友和朋友的朋友一共有9人，因此2步以内的到达度为9。

好运）的指标。

假设你有 3 个朋友，这 3 个朋友分别有 2 个新的朋友，那么你的到达度就是 9 人（直接朋友 3 人加上间接朋友 2×3=6 人。当然你的 3 个朋友也可能互为朋友，但由于没有产生新朋友，所以这种情况不算在内）。因为连同朋友的朋友在内，你和 9 个人产生了联系。如果你同样有 3 个朋友，但是他们分别认识 10 个人的话，那么你的到达度就是 33 人。前后两种情况中，你的直接朋友的人数都是 3 人，但是后一种情况中，你通过他人获取信息与能力的可能性要大得多，这种差异就体现为到达度的差异。

当然，像朋友的朋友的朋友这种 3 步以上的关系，也可能为你带来有用的信息和能力（运气）。但是比起 2 步的关系，信息搬运的难度提高了，因而带来有用信息和能力的概率也就降低了。

因此，2 步的到达度（2 步即可到达的人数）可以作为衡量运气好坏的指标（后面说的到达度，就是指 2 步以内的到达度），表示你遇见好运的概率。而且，我们可以借助传感器将这一概念定量化。

4.4 到达度真的是衡量运气好坏的指标吗

前面说的归根结底只是在假设成立的情况下的理论性考察。用这种方法定义的指标,表示的真是运气的好坏吗?

我们已经得到了证据,可以证明这一点。我们和麻省理工学院(MIT)共同调查了某企业的部门针对顾客有关IT系统的咨询,为顾客提供报价方案的经营活动[1]。面对顾客的咨询,约30名员工在约1个月内提出了900多个报价方案。我们从运气的角度上调查了制定报价的工作是否顺利。我们为员工戴上了可穿戴式传感器,通过他们的交流情况来判断运气的好坏。

与顾客的交易中,既有可以机械报价的简单咨询,也有无法轻易答复的复杂要求。其中,面对复杂要求时,我们必须借助周围人的信息和能力。如果顾客的要求超乎预料,不知道本公司的产品能否满足需要,我们就无法将报价的回复方法写进报价手册了。在这种情况下，我们无从得知回复报价所需的信息和知识在哪里。因此，左右结果的便是遇见所需信息和知识的运气了。

经调查发现，在这项工作中进展顺利的人（从接受复杂的报价要求到答复报价的平均时间短的人）有一个共同特征。如果单纯是交流的朋友比较多，那么他的工作不一定能顺利推进。也就是说，这样的人有可能只是人脉广，而不能有效利用周围潜在的信息和能力。

实际上，在该工作中进展顺利的人的共同特征是到达度高。前面说过，到达度指的是包括朋友的朋友（2步）在内，可以与自己产生联系的人数。我们在前面讨论过，包括朋友的朋友在内，我们可以将获取自己欠缺的信息和能力的这种能力转化成定量数值，作为衡量运气好坏的指标。对于顾客提出的意料之外的咨询，到达度高的人虽然也不知道答案，但是他们得到答案和启示的概率较高。如果这样的事就发生在自己身边，那看起来就是此人的运气好。运气好的人可以处理始料不及的复杂问题，并顺利开展工作。

我们观察每件事情的时候，会发现运气好的人有时也会不顺，运气不好的人有时也会一帆风顺。但是，如果看一下多件事情的统计情况，就会发现运气的好坏，大大左右着人们对意料之外的复杂事件的处理。反过来说，工作进展不顺的人，他的到达度就低。也就是说，由于运气差，所以处理不好那些手册里没写的预料之外的情况。

4.5 运气好的人
在组织中处于什么位置

借助可穿戴式传感器，我们不仅可以将到达度转化成定量数值，还可以直观地查看运气的好坏。这是因为，通过可穿戴式传感器中嵌入的红外线传感器，可以将你和别人见面的数据记录下来，如前文所述，我们可以根据这些数据绘制出社交图谱。

例如，用白圆圈（○）表示你自己，用黑圆圈（●=1步的见面者）表示你遇到的人，用方块（■=2步的见面者）表示你遇到的人所遇到的人，见面的人们之间用线连接。这样一来，你的白圆圈附近就分布有黑圆圈，再往后还分布有方块（图4-1）。

就算是见面了，如果只是说了几句话，或者打了个招呼，那双方拥有的信息和能力很少会帮到彼此。因此，只有当两人的见面时间超过一定的基准值（为引出有用的信息和对方的能力，我们设定了一个经验基准值，即每周要有 15 分钟以上的对话）时，才能用线连接。

运气好的人的到达度高，那么在社交图谱中会呈现出什么特征呢？从社交图谱来看，到达度（2 步以内即可相连的人数）高的人周围有很多人。相反地，到达度低的人周围的人较少。

通过这种人与人之间的关联，你从周围人拥有的信息和能力中受益的可能性就会提高。根据简单的算法，就可以用电脑描绘社交图谱——到达度高的人位于中央，到达度低的人分布在周围。这样一来，容易从周围人的信息和能力中受益的人（到达度高、运气好的人）就位于中央。反过来，鲜少从周围人的信息和能力中受益的人（到达度低、运气差的人）就分布在四周，且周围的人很稀疏。

迄今为止，我以 100 多个实际存在的组织为对象，观察了这一社交图谱。我从中发现，位于社交图谱中心的人，不一定就是职位高的人。

我们来看一下卷首插图 4 中软件开发组织的社交图谱。高桥部长（化名）位于左侧，偏离中心。由于高桥部长是最近外聘的新部长，与组织的关联还比较少，只有若松科长等3人与高桥部长相连。因此,高桥部长被挤到了周边,到达度比较低——只有5人,也就是说从周围的能力和信息中受益的概率较低(运气不太好)。要改善高桥部长的运气,就必须让他和组织中真正的关键人物相关联。这样的话,他应该会逐渐移向组织的中心。

所谓真正的关键人物,指的是组织中的哪个人呢?这在图中一目了然,即喜多先生。喜多先生位于图的中心,从领导若松部长到下属及同事的广泛范围,与很多人都相关联。从数值来看,喜多先生的到达度为19人,是高桥部长的3倍。

因此,为了改善高桥部长的运气,增加他与喜多先生的对话是一种极为有效的方式。我们假设高桥部长非常忙碌,难以快速增加直接跟自己对话的人。但是,高桥部长仅通过和喜多先生对话,就可以大幅提高到达度,即运气。从数值来看,高桥部长现在的到达度是5人,仅通过增加与一个人的对话,到达度就能提高至13人。将衡量运气好坏的指标,即到达度提高至2倍以上,从组织成员的信息和能力中受益的可能性就会大大提高。

这样一来，我们就可以依据定量测量结果，在各自的时间限制下，有效地提高自己的运气=到达度。依据传感器的测量结果，系统可以提示我们每个人与谁进行对话最有效，从而提高我们的到达度。

在接下来的论述中，笔者将到达度与运气的好坏视作相同的概念，将带引号的"运气"作为到达度的同义词。

4.6 领导的指挥能力
　　 与现场的自律并不矛盾

很明显,组织的兴衰深受"领导的运气"的影响。

我们用到达度来评价各种各样的组织中"领导的运气",并对如何创造更好的组织进行了研究。

这里我们要注意一点,不是领导的对话者越多越好。领导的对话者增多,虽然理论上说到达度的数值提高了,但从现实角度出发,考虑到领导的时间限制,对话者的增加终究是有极限的。

实际上,有一种方法可以提高领导的到达度,且完全不用增加领导的对话者和对话时间。

为了找到该方法,我们对比了各种组织的数据,观察了运气好的领导(到达度高的领导)身上有没有什么共同特征。当然,每个领导的到达度的高低也大不相同。我们调查了领导的到达度高的组织,观察他们的社交网络有何特点。表面看来,与领导有直接关联的人数,直接关系到领导的到达度。但实际上，两者之间几乎没有相关性。

重要的是组织成员之间的关联。我们调查了领导的到达度与各种指标的相关性，发现成员间的关联呈三角形的情况较多时，该组织中"领导的运气"就好。

这里的三角形指的是将朋友与朋友相连后呈现出三角形。例如，选取你的两个朋友（A 和 B），如果这两个人也相互认识的话，那么你和 A、B 就构成了三角形。反过来，虽然你认识 A 和 B，但是 A 和 B 相互并不认识，那么你们就无法构成三角形（图 4-2）。

下面的情况在组织中十分常见。假设你有 5 个下属，你和这 5 个下属相关联，他们以你为中心呈放射状分布。但是，仅仅如此是无法构成三角形的。要想构成三角形，5 个下属之间必须相互关联，也就是说下属要直接和其他下属对话。除了领导和下属的关联以外，还要有其他的关联才能构成三角形。

当成员间的关联呈现三角形时，会有什么变化呢？首先，我们考虑一下完全没有三角形的情况：你和 5 个下属的对话呈放射状，下属之间没有关联。

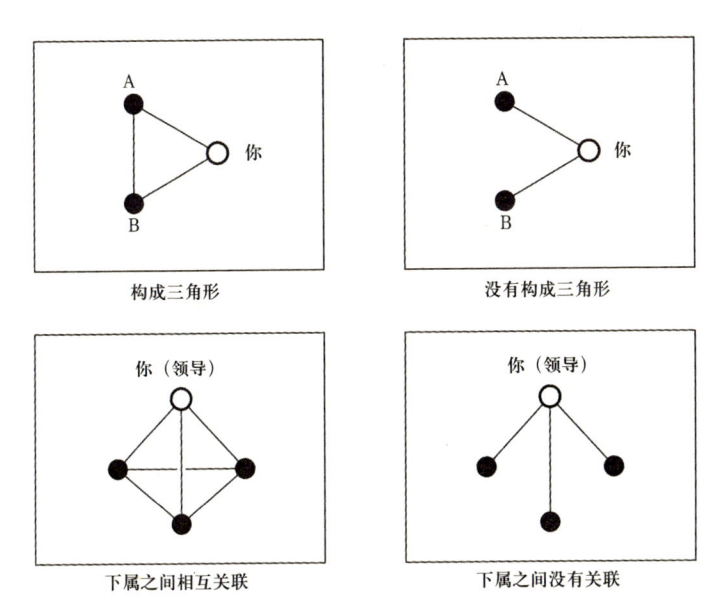

图 4-2 上图表示社交图谱中三角形的形成。如果你认识的人之间也相互认识，就会在你的周围形成三角形。

这时，假设下属 A 的工作出现了问题，而其实这个问题可以用成员 B 拥有的信息来解决。当你在办公室时，A 找你商量怎么解决问题，你可以从 B 那里问出所需信息，然后告诉 A。但是，如果你出差了，那么等你回来后 A 的问题才能解决。因为 A 不知道 B 拥有的信息，所以无从询问。

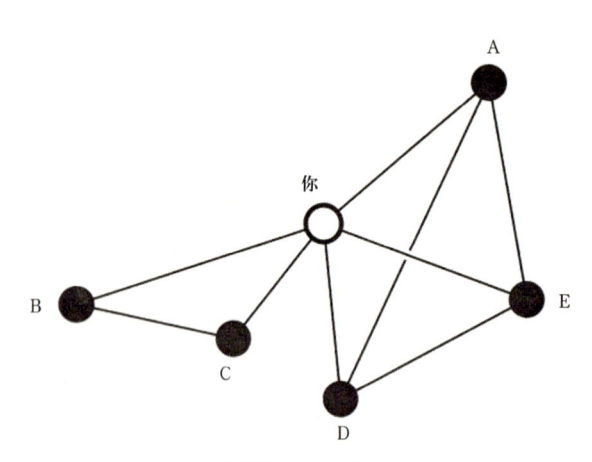

你周围的三角形数量 =4
A 周围的三角形数量 =3
B 周围的三角形数量 =1
C 周围的三角形数量 =1
D 周围的三角形数量 =3
E 周围的三角形数量 =3

凝聚度（各成员周围的三角形的平均数量）为 15÷6= 2.5

图 4-3　上图表示的是组织"凝聚度"的计算方法。数出各成员的周围有几个三角形，然后取平均值，即得出凝聚度。

如果 A 和 B 平时直接交谈过呢？也就是说形成了"你—A—B"的三角形会怎样呢？这样的话，即使作为领导的你不在，A 也可以直接问 B，问题就解决了。

在组织的社交网络中，如果三角形多的话，那么即使领导不直接介入，在现场主动解决问题的可能性也会提升，即现场的运气会得以改善。三角形多也就意味着现场的成员之间是相互关联的，即可以用三角形的数量来定量地表示现场凝聚力的强弱。因此，数一下社交图谱中各成员周围有几个三角形，再取全员的平均值，即可得出凝聚度（图4-3）。

我们整理了一下各种组织的数据，发现在到达度高的领导带领的组织中，衡量现场能力的凝聚度指标也高。再揣摩一下，就会发现这是件出乎意料的事。

由于到达度高的领导在2步以内就和很多下属相关联，因此他不仅可以掌握组织的实际情况，还可以很容易地将指示传达给下属。简言之，该组织的"领导力"强。

但是，有很多人担心，在这种领导力强的组织中，现场能力会变弱。前面所说的凝聚度正是衡量现场能力的指标。因此，有很多人认为"领导力"即"领导的到达度"与"现场能力"即"凝聚度"是不能两全的。然而，我们通过分析大量数据，得出了领导力强的组织的现场能力也强的结论。

按下面这种方式思考的话，就可以理解上述结论了。在社交网络中，三角形表示的是"shortcut"（捷径）。举例来说，假设 A 通过 B 与 C 相连。这时，如果 A 和 C 能够直接关联的话，ABC 就构成了三角形。由此一来，A 与 C 之间就形成了 shortcut。也就是说，原本从 A 到 C 要走 2 步，在形成三角形后，走一步就可以直接从 A 到 C。

当成员间存在很多三角形时，就会产生很多 shortcut。在这样的组织中，领导可以利用 shortcut 在 2 步以内与众多成员关联起来。这样一来，领导的到达度提高，更易利用成员的能力和信息（运气变好）。

我们来分析一下卷首插图 4 的软件开发组织中的这一情况。该组织中，高桥部长的到达度只有 5 人。虽然成员人数少，但是从领导高桥部长到最末端的下属，却有 5 步之遥。

之所以产生这种情况，不单单因为高桥部长只和 3 个人相连接，还因为凝聚度（社交图谱中每个人的周围平均有几个三角形）只有 2.2。平均来说，组织的凝聚度在 4 左右。

我们来看一下喜多先生。喜多先生的关联者多达 9 人，但这 9 人之间并无关联。不只是喜多先生，整个组织的三角形数量都很少。

因此，即使高桥部长不改变自己的关联者，只要在组织中增加三角形，就可以提升自己的"运气"。也就是说，通过提高现场的凝聚力，促进成员间的相互关联，领导就可以有效发挥组织的能力了。

成员间三角形增多的另一个好处是，各成员的到达度会提高。这样一来，成员有效利用周围人的能力和信息的可能性也随之提高（成员的运气也会变好），进而成员的工作也会顺利推进。

我们前面介绍过复杂的IT系统报价业务，在该业务中也可以看到这种三角形，即凝聚度的作用。平均来看，自己周围的三角形多的职员可以用较短的时间回答顾客的复杂要求（召来好运）。

4.7 通过数值化，
　　从语言的束缚中解放出来

如果领导的"运气"变好，成员的"运气"也会变好，反之亦然。领导和现场成员相互依存。

但是，为什么那么多人觉得领导力强的话，现场的能力就会低呢？这是因为人有一个思考习惯，一旦使用"领导力"和"现场力"这种对比鲜明的词，我们就会条件反射地认为这是一个二选一的问题——"领导或者现场"，或"自上而下或者自下而上"。

诸如此类，被二选一的词语束缚的思维习惯随处可见。在关于是"政治主导"还是"官僚主导"的讨论中，人们从一开始就将政治和官僚相互依存的可能性抛诸脑后了。此外，在关于企业的目的是"营利"还是"非营利（公益）"的讨论中，人们也将追求利润和实现公益相互依存的可能性抛诸脑后了。在关于是"工作"还是"个人生活"的讨论中，人们也将工作丰富个人生活，个人生活提升工作成果的共同作用抛诸脑后了。"工作与生活相平衡"本身就包含工作和生活的较量,因而象征着人们的思维习惯被这个词语所束缚。

有关人类的科学定量数据启发我们,除了二选一以外还有别的选择,即实现两者的整合与协调。定量的测量数据超越了人类的认知极限,展示了现实真正的样貌。

4.8 通过控制"到达度"，
　　　成功实现组织整合，防止开发延迟

　　最近，我们经常在报纸和新闻中看到经营整合和企业收购的报道。这是因为，当今时代的全球化商业竞争愈发激烈，只有在业界排名靠前的几家公司才能在竞争中存活下来。

　　除了企业间的大型合并之外，还有企业集团内部的组织重组，这样一来组织整合就更加频繁了。能否顺利推进组织整合是影响到日本及世界经济发展方向的重大问题。

　　企业整合对组织及其职员的命运都会产生重大影响。在新公司中，结识新朋友的机会也会增多。以前他们是竞争企业的职员，现在成了你的合作者，而且你还可能与他的顾客和伙伴产生联系。从这个意义上来说，整合是一个机会，我们应该积极利用。

　　另一方面，在环境、组织和业务急剧变化之时，有的人与他人的关联较少，找不到新的机会。对内调整也可能会耗费巨大的能量，伴随着风险。如果职员无法有效利用自己周围发生的变化（反而降低了运气），那么企业整合很可能面临失败。

将新的组织图画在纸上很简单，但是要把活生生的人类群体整合起来并不简单。要想将背景和文化不同的群体整合起来，不管是职员还是经营者都要竭尽心力。而且不是所有事情都可以提前设计好，有很多事需要做了之后才知道。因此在很多情况下，结果都不尽如人意。

在前面的论述中，我们一直在强调周围人的能力和信息，而当结果不尽如人意时，控制利用能力和信息的概率（即"运气"）的技术就会发挥作用。接下来，我们将通过有关企业内部组织整合的具体实例，说明对"运气"的控制发挥了怎样的作用。

在该公司中，曾经有两个不同的部门分别开发和制造两个产品系列。这两种产品在技术上存在很多共通的地方，因此公司设想，如果将这两个组织合并起来，更有效地利用开发资源的话，理论上可以增强竞争力。但是，这两个部门存在历史和文化差异，想要合并并不容易。公司的高层担心这一点,于是委托我们利用可穿戴式(姓名牌型)传感器进行观测与支持。

首先,在合并之前,我们让成员持续佩戴了可穿戴式传感器。然后我们观察了两个组织刚刚合并后的社交图谱(卷首插图5),可以看到代表不同组织的两种颜色泾渭分明。与合并前相比,领导的到达度几乎没有增加——很明显,新组织的优势没有发挥出来。

为了科学地提高领导和各成员的到达度,我们在这个新体制中采取了对策。具体来说,我们根据该社交图谱显示的测量数据,分别找出了能够提高各成员到达度的最有效的对话候选人,然后让成员与其对话。

对话者的选定方法如下。从测量数据中,我们可以得知谁和谁关联以及到达度(=2步可以到达的人数)是多少。并且还可以预测在创造新的关联时,到达度会提高多少。虽然知道自己经常和谁对话,但是仅凭个人的认识能力无法得知自己的对话者与谁关联,因此如果没有测量数据的话,就不知道自己会因新对话者的增加而增加多少个关联。通过该测量数据,我们可以超越人类的认知极限,得知通过和谁对话，可以提高多少到达度，然后利用这些信息，分别锁定每个人的对话候选人。

接着，我们按照工作相关度由高到低的顺序，为这几位候选人进行了排序。如果候选人的工作与自己的相关，那么与他关联起来就可以提高自身的到达度，从而很有可能使此人成为最有效的对话者和信息交换者。工作相关度可以通过社交图谱上的距离转化成定量数值。例如，与自己直接关联的人称为"步数为1的人"，与步数为1的人关联的人（朋友的朋友）称为"步数为2的人"。如果将到达某个人需要走的步数转化成定量数值，就可以把与对方在关系上的距离转化成数字。我们推测，该距离过大的话，双方在工作上的相关度就会减弱。为这几个候选人排序时，依据的就是这一距离。

做好上述准备工作之后，我们集合所有成员召开了研讨会。在研讨会上，每个小组坐在一桌（提前分好组，每组4~5人），针对组织融合的目的——缩短产品开发周期，就需要采取什么措施以及自己可以做什么进行讨论。对话分为3个环节，每个环节约20分钟，每进入一个环节都会重新分组并展开讨论［在此利用的是研讨会的一种方法——World Cafe（世界咖啡）[2]］。

分组时，我们利用上述数据，对成员的搭配组合进行了精心设计。分配第一个环节的小组时，我们在能够提高到达度的对话候选人中，选择了业务比较接近的人组成一组。因为业务接近的人之间对话时容易创造话题，营造轻松的交流环境。然后，慢慢地让他们和业务不同的人进行对话，拓展视野，超越自己。之所以能这样设计，得益于可穿戴式传感器的测量结果。

该组织合并3个月以来，召开了4次这样的研讨会。我们由此成功提高了组织成员和领导的到达度，进而大幅提升了从自己周围的能力和信息中受益的可能性（即运气）。

我们将领导可以用几步到达所有成员作为该组织整合的进度指标，以前领导到达所有成员需要5.9步，3个月后缩短至3.7步。领导的到达度提高到原来的2倍左右，表示现场凝聚力的三角形个数，即凝聚度也提高了50%。

结果表明，在短短3个月的时间里，两个组织实现了深入融合（卷首插图5）。这在社交图谱上也一目了然。用数字和图表来实现组织整合进度的可视化，堪称划时代的变化。

还有很重要的一点是，合并之前经常出现的推迟开发的现象不再发生。这是每位成员运气改善的结果。开发产品时，无法提前应对的技术困难和意料之外的问题是在所难免的。能否跨越这些问题，是成功的关键所在。成员的运气改善了，也就意味着在发生问题时，尽早察觉并快速解决的概率提高了。

当然，不是发生什么问题都可以保证解决。不过，概率提高带来的效果不容小觑。即使是棒球的第一击球手，打击率也只有35%左右，一般的击球手是27%左右，但这8%的差距就是决定胜负的关键。商业亦然。

以成员为对象的问卷调查的结果也表明了这一点。有9成的人回答"更容易找别人商量事情了""更愿意发表意见了"。有疑问立刻请教别人，是"运气"好的人的共同特征。结果就是，有8成的人回答"解决问题的速度提高了"。

如果产品的开发时间比计划延迟了，企业就会丧失商机，失去顾客的信任，进而导致竞争力降低。并且，如果职员为处理已经推迟的事情长时间地工作，还会陷入疲劳状态。消除开发的推迟可以打破这种恶性循环，具有重大意义。

根据到达度的指标科学地改善运气，可以为企业经营带来革命性变化。

4.9 要想抓住运气，对话质量也很重要

前面我们将通过与人相遇以改善运气的想法转化成了定量数值。但是，结识了新的朋友后，还需要找到两人对话中的连接点，以引出具体的信息和能力。其中，对话的质量至关重要。

我们再回到前面提到的史蒂夫·乔布斯的例子。因为这个实例中浓缩了可以抓住运气的本质对话。

午餐会上，乔布斯旁边坐的碰巧是诺贝尔奖获得者伯格教授，他听教授谈论了有关基因重组的内容，在此新的关联产生了。毋庸置疑，伯格教授的背后肯定与很多人和信息相关联。因此，乔布斯通过该对话大幅提升了到达度。

在这里我们注意到，乔布斯与伯格教授的专业领域截然不同，计算机与基因重组看起来也毫无关系，尽管如此，乔布斯仍然积极地听取了伯格教授有关基因重组的谈话。据说，一旦有机会获取知识，乔布斯就会很积极地听别人

说话。他有一个习惯，即使是乍看之下和自己的工作毫不相关的话题，他也会带着对说话者及其工作的好奇心认真倾听。

但仅仅这样，只不过是拓展了自己的知识面，而乔布斯并没有停留在倾听谈话、获取知识的层面。他进一步提出了一个朴素的问题——用计算机来模拟会怎样，从而将表面看来关联较少的基因研究和自己所在的计算机领域结合在了一起。起先，乔布斯主要是作为倾听者，而通过这个问题，他找到了与自己领域的连接点。就是从这里开始，才有了后来的一系列发展。

这就是对话质量的重要性，不是仅靠"关联"一词就可以阐述清楚的。接下来，我们将借助可穿戴式传感器的测量数据，对其进行深入分析。

4.10 对话即为身体活动的投接球练习

我们在第 2 章中介绍过，人在想积极解决问题并努力创新时，对话中超越基准值的快速身体运动的次数就会增多。也就是说，对话中的"活跃度"会提高。具体来说，对方说话时，我们点头附和、适时发问、抒发己见等，都会导致快速身体运动的增多。高质量的意见交换必然伴随着身体运动的增多。说到对话质量，我们的关注点往往在对话内容和对方所说的话上，但实际上，对话时的身体活动才体现了对话的质量。而对话质量可以借助可穿戴式传感器测量的身体运动来评价。下面，我们思考一下身体运动和对话的关系。

对话经常被比作投接球。一个人先发话，另一个人接话之后再发话。从这个角度来看，对话有时会表现为"语言的投接球"。

但实际上，"语言的投接球"这个表达方式并没有正确地把握对话。我们观察一下现实中的对话，就会马上明白原因。假设你是领导，要告诉下属（佐藤先生）工作调动一事。

我们公司正在扩大印度方面的业务，为了大幅增强该业务的运营体制，我们决定10月1日派佐藤先生常驻印度，希望您在日趋扩大的印度市场上大显身手。

实际上，在你说这句话的20秒的时间里，下属佐藤先生一言未发，即不存在语言的投接球。但是，他浑身上下应该都表现出了自己对这次调令的态度。可能你也在一边说话，一边观察他的反应，试图读取他用身体发出的信号。

下属发出的信号体现在眼神、表情、头的朝向、手的动作、整个身体的姿势以及微妙的动作上。

或许佐藤先生一直怀揣海外常驻的梦想，而且今后将迎来亚洲的时代，他想体验在经济不断发展的亚洲工作。因此当他听到调令后，顿时目光炯炯。或者正好相反，最近佐藤先生的妻子查出患有重病，他必须照顾妻子，因此对于此次调令正深感苦恼。

仔细想来，在这种情况下，文字信息是无关紧要的。假如佐藤先生回答：

要派到印度的什么地方呢？

单看文字的话，怎样理解都可以，根本看不出佐藤先生对调令的态度是积极还是不满，是犹豫不决还是惴惴不安。

但是，如果你在场的话，看一下佐藤先生用身体和语气发出的信号，就知道他的态度如何了。在日常生活中我们会通过除了语言以外的信息来推测说话人的态度，从出生那一刻起就一直在做这种读取信号的训练了。

我们的大脑认为，对方会用"No""不"等语言来表达消极的反应。

但实际上，在现实的场景中，你不是凭借语言来识别对方的反应的。当对方做出消极反应时，他会故意不用身体活动回应你的身体活动，以表达拒绝。而且他还会通过移开视线或转过脸去，来有意识地表达这一点。这些交流手段连婴儿都知道。你时刻都在感受对方的这些反应，并据此调整说话方式和内容。

通过对交流的分析可知，语言要素对交流的影响不足10%，剩下90%多的影响来源于身体运动等非语言要素[1]。

我们一直在使用可穿戴式传感器科学地测量并研究交流中的身体运动所产生的作用。我们首先利用可穿戴式传感器中的红外线，检测出双方面对面且距离较近，然后在此基础上解析传感器中嵌入的3个轴向的加速度传感器信号，并测量其身体的运动情况。加速度传感器每秒能捕捉50次（即20毫秒1次）详细的人体运动波形，连极其微小的动作都能捕捉在内。如果能测量 x、y、z 这3个方向的波形，就可以再现此人的身体活动。

我们可以有效利用传感器测出的身体运动数据，将对话看作"身体活动的投接球"，而不是"语言的投接球"。因为当我们想向对方传达某种信息时，会下意识地使用超出基准值的高频动作。发出动作信息的人称作投手，接收

---

[1] 关于非语言交流，具体请参阅 Marjorie Vargas 的《非语言交流》(*Louder than Words: an Introduction to Nonverbal Communication*)。

动作信息的人称作捕手。很多情况下，投手也是发出语言信息的人，捕手也是接收语言信息的人。对话时，当有人发出动作和语言信息，有的人会接收，有的人则无视，还有的人会做出回应，各种各样的反应是同时发生的。这些都表现在身体运动中，而身体运动可以用传感器来测量。

4.11 有关单向交流和双向交流的研究

仅凭这些测量数据，真的可以科学定义理想的对话和会议，并测量其质量吗？答案是 YES。我们已经发现了几个指标，在此介绍一下其中最基本的指标，就是对话的"双向率"。

如果对话是用来传递信息的，或许仅通过单向交流即可，没必要进行双向交流。但是，德鲁克说："交流不同于信息，两者是相反或者互补的。"(《管理：任务、责任和实践》)[3]。

所谓交流，听话者理解了才有意义，问题不在说话者。但是，说话者和听话者看世界的前提不同，每个人的经验不同、能力各异，对同一句话的理解也不尽相同。问题和对立因此产生，我们怎么做至关重要。

那么，我们应该怎样面对这样的对立和问题呢？比利时研究机构 IMEC 的弗兰基·卡托尔（Francky Catthoor）

教授和我们进行了共同研究，教授将对待对立和问题的态度大致分为3种[4]。一是展开建设性①讨论，超越对立以寻求解答。二是遵从领导的意见，即"追随"（Follow）。三是对于跨越立场和意见的不同表现出消极的姿态，认为如果可以消除对立，对方就有责任改变或采取行动（自己没有责任），这种态度称作"怀疑"（Skeptical）。

在建设、追随、怀疑这3种态度中，通常来说建设是最理想的。卡托尔教授的交际理论表明，建设可以做到100%，应该以建设为目标。关于追随，下属追随领导相当于组织按照指挥命令（即上情下达）行事，看起来似乎不存在任何问题，毕竟如果领导是超人，能掌握一切，所有的能力都在下属之上的话，的确也没问题。但是，现实并非如此。一般来说，下属更了解现场的实际情况，在现场的操作能力也更强。下属拥有的知识和能力需要与领导的见识和权力相配合。

怀疑，是让双方徒劳地花费时间和精力。为了说服不

---

① 原文用的是 Critical 一词，遵照词意翻译过来就是"临界性"，但日语翻译成"建设"更自然。

积极的人，需要花费大量的时间和精力。另一方面，如果无论别人说什么，你只认可自己知道和相信的事，那结果只会陷入自以为是的境地，不会发生任何变化。而且，怀疑的态度本身也不利于心理健康。

怀疑是一种削弱组织力量的重大疾病。然而，它已经成了各种各样的人的习惯。因为怀疑可以暂时给人带来轻松，并避免徒劳。从长远来看，这种习惯会腐蚀组织和人本身。

卡托尔教授的交际理论明确地将对话这种复杂现象划分为3种模式，可谓一针见血。但是很遗憾，卡托尔理论是定性的。

不过，最近这种理论有了定量依据。一桥大学的沼上教授等人在108家企业中，独立开展了大规模的问卷调查（称作"组织的重量"研究[5]）并证实：通过建设性对话解决问题，与企业的收益性息息相关（沼上教授报告中所说的"直接对决＝彻底讨论，辨明是非"相当于卡托尔理论的"建设"）。研究表明，存在"重量"问题的企业和没有"重量"问题的企业相比，利润率平均高出 0.2σ（σ 是所调查的组织中利润率的差异值,称作"标准偏差")。

调查同时证实,解决问题时存在追随行动和怀疑态度的企业收益性较低(在沼上教授的报告中,除了直接对决以外,还有强权、妥协、回避问题3种,而卡托尔理论中,除了建设以外,还有追随、怀疑2种,因此两者并非一一对应。但是,笔者考虑到两者的内容存在共同点,于是将直接对决和建设之外的态度作为相同内容进行了比较)。在追随或怀疑态度较多的企业中,组织的动作会变得沉重。所谓"沉重的组织",指的是内部调整多、组织涣散(缺乏紧张感)、很少挑战新事物的组织。

对话的质量非常重要,而使用我们的可穿戴式传感器,就可以检测对话是否是建设性的。因为在建设性对话中,对话者之间的双向率会提高,而在追随、怀疑性的对话中,动作的双向率必然会降低。

4.12 根据身体运动的测定值，可以明确定义对话的质量指标

我们是这样定义"双向率"这个定量指标的。选取两个正在对话的人，每分钟调查一次两人是否存在超过基准值的快速身体运动（和测量活跃度时使用的判定基准相同），当两者都有这样的快速身体运动（1分钟内）时，称作"双向"。相反地，当这1分钟内只有一个人有超过基准值的快速身体运动时，称作"单向"。有快速身体运动的一方称作"投手"，没有快速身体运动的一方称作"捕手"。我们在整个对话期间进行测量，并将"双向"占整个对话时间的比率定义为"双向率"。例如，1个小时的对话相当于60个"双向"或"单向"（投手或捕手）的状态。其中，"双向"有30分钟的话，"双向率"即为0.5，这样就实现了定量化。我们用这种方式得出双向率，其中，双向率高的对话是建设性的对话，反过来，建设性对话的双向率会提高。这个指标可以结合第2章中论述的积极解决问题与

对话时活跃度的关系、活跃度的传染等，进行综合考量。

在这里很重要的一点是，虽然建设性的讨论很重要，但是现实往往不会这么理想。如果领导专制强势，你稍微表达一点不同意见，就会失去立足之地或被贬职，这时你就不得不选择追随了。又或者，你凭借自己的经验和知识，绞尽脑汁也想不出自己参与策划的项目的意义和目的，那么出席项目会议时，你就会表现出怀疑的态度。要克服这种状况并非易事。

但是，大数据和测量可能会改变这种状况。假设从大量数据中导出的"对话中的双向率和收益的关系"已在社会上广为人知，而且可以测量公司内的对话情况。那么，如果对话者可以像照镜子一样收到反馈的话，其行动应该会发生很大的变化。在前面说的领导专制强势的情况下，测出的双向率就应该极低。在收益与对话双向率的关系广为人知的前提下，如果看到自己的"对话双向率"数据极低，就不得不改变自己的行动了。

怎样才能提高对话的双向率呢？这个问题的答案，正在渐渐揭晓。我们可以直接把刚刚介绍的内容，即对话的双向率十分重要这个认识分享给组织的成员。要让他们理解为什么追随和怀疑不可取，为什么人们动辄陷入追随和怀疑之中。

但是，仅仅这样做还不够。下面我讲一下自己的体验。在我们的职场中，可以根据对话者的不同，随时确认对话的双向率数值。根据这些数值，我发现自己和一个下属的双向率与其他人相比总是明显偏低。我在对话时已经注意了，但毫无改善。起初我以为只是因为与对方性格不同，但事实上关系不大，还存在真正的、更深层次的原因。

实际上，要想提高对话的双向率，重在设定一个有挑战性的目标，要求两人进行认真的交流。否则，不会产生推心置腹的双向讨论。

在我的例子中，我和双向率低的下属之间，没有一个有挑战性的共同目标，而只是一味地想要改善表面的对话形式，这是无济于事的。对话的质量是一面镜子，可以展示两人是否在进行挑战。在我意识到这点后，为这个下属的工作设定了一个有挑战性的目标。结果立竿见影，我和这个下属的对话"双向率"急剧上升。同时，我们也证实了定量测量是一个强有力的工具。

让成员认识到高双向率对话的重要性，可以提高对话的双向率。但是，从根本上来说，提高双向率本身不是目的，我们最好将双向率视作反映工作及人生"挑战性"的镜子、指标。也就是说，通过对话的双向率，我们可以确认相关人员是否在做有挑战性的工作。不难理解，挑战程度与企业的收益息息相关。

一直以来都是公司的人事部门采取对策，提高职员对公司的贡献，比如管理者培训、交流研修和早期选拔等。但是，这些对策究竟会给职员的微观行动带来多大的影响，我们不得而知，也没有测量的手段。至于这些对策是否和公司的宏观业绩有关，更是无人知晓。

我们可以使用新的测量技术，每天记录并分析公司所有职员间的交流数据。同时，如果将迄今为止管理的各种宏观指标（收益、接单率、顾客满意度和员工满意度等）和微观指标结合起来，就能明白为了直接提升公司的业绩，应该按照怎样的优先度开展交流，而且还可以构建这样的交流系统。

交流要花成本。一直以来，我们都是根据个人经验和感觉决定如何分配有限而宝贵的时间、与什么人交流等。通过持续测量并分析交流与业绩的关系系统，我们可以结合当时的情况，采取对业绩最有效的交流。

从这个意义上看，对人和组织来说，可穿戴式传感器及其分析技术有望成为新时代的"镜子"。也就是说，通过这面镜子，我们可以看到自己的状态，组织也可以看到组织本身的状态。这一工具可以帮我们认真面对对话的质量、自己和公司的"运气"，而以往我们无法看到这些。这几十年来，人们崇尚合乎常理、合乎逻辑的思考方式，从而丧失了认真面对"运气"的态度，或许现在通过这面镜子，我们可以重拾这种态度。

4.13 从"运气也是实力的一种"到"运气即实力"

中国有一本古籍叫《易经》,这是有关人类命运最全面也是最早的书籍。《易经》中有一句话:

君子知微知彰

(领导者能看出事物微小时的征兆,也能看清其显著时的特征。)

关于人类和社会,我们觉得自己看得很清楚,但实际上很多东西我们都没看到。古籍的作者说,为了看见这些隐藏的事物,我们要具备一种智慧,以看清表面看不出的变化模式和结构(关于《易经》这一部分的作者是谁,有很多种说法。但是,曾经在1,000多年的历史里,人们认为这是孔子的著作。小林秀雄认为,像曾经的人们所相信的那样去回忆过去,才是面对历史应有的态度。在这里,笔者也效仿这种态度,将《易经》看作孔子的著作)。而且孔子说过，能做到这点的才是真正的领导者（君子）。这是一个普遍的真理，从2,000多年前至今从未改变。

在此介绍的新科学技术告诉我们，表面不易看到的人与人之间的关联和身体运动中存在着支配运气的因素。这个因素就像一面镜子，促使人们采取下一次行动。

常言道，运气也是实力的一种。回顾本章论述的内容后，你会发现"运气即实力"的说法更为准确。

不管是人生还是工作，都会被运气（概率）支配，谁也无法否认这一点。而不含运气、可以机械完成的事情，附加值一般比较低。现在，这些低附加值的工作，要么用计算机处理，要么在成本较低的新兴国家进行，从而大大节省了费用。对于在日本从事的工作而言，成败基本在于如何控制运气。

棒球的击球手时刻都在直面自己的运气。无论是多么厉害的击球手，3次中也有2次失手的时候。但是，经过多次打席，实力就会清楚地反映在"打击率"这个概率数值上。在棒球的世界中，"运气才是实力"是一个常识。为了提高哪怕1厘的概率，棒球手们在不断磨炼自己。

一郎[①]为了提高这个概率，从每天的饮食到通往棒球场的台阶上先迈哪只脚，都会有意识地加以控制。

英国作家、医生塞缪尔·斯迈尔斯在其著作《自助论》（1859年）（Self Help）中写"天助自助者"，这与福泽谕吉的《劝学篇》（1872年）一起，对明治时代的日本人产生了巨大的影响。在这里，"天"这个词表示的应该是掌握命运的关键。本章中笔者一直在论述，我们应该通过自己的努力，控制能够得到自己想要的东西的概率——这种思考方式并不新颖。

日本现在很多的大企业，都是由明治时代的人创建的，他们受到斯迈尔斯的影响，接受的是以《易经》为代表的儒学教育。

前面我们提到了被誉为"日本资本主义之父"的涩泽荣一，他在其著作《论语与算盘》中阐述了如何协调企业经营与公益的关系，同时还论述了不可避免的偶然、直面问题的态度以及通过自己的努力改善"运气"的姿态。

[①] 日本棒球明星铃木一郎。——译者注

马场粂夫博士奠定了我所在的日立公司的技术基础，他曾指出："学问分两种，一种是人的学问，一种是物的学问。（中略）社会万象形成于人类内心和物体运动。"（《易经新研究》1960 年）马场从小学习儒学，后来他甚至有了一个信念：《易经》论述了面对变化的原理原则，理应运用于实际的公司经营。为了管理变化，需要人和物两者合一。我们从这种想法出发，针对难以避免的产品事故，在日立建立了一种制度：当事故发生时，从人和物两方面研究并学习事物现象。我们根据米勒那幅有名的画，将这种制度命名为"拾穗者"。多年来，在拾穗者制度的支持下，日立生产出了信赖度较高的产品。我们从正面捕捉运气，并将其作为拥有 40 万人的组织行动 DNA 融入了制度之中。

非常遗憾，这几十年来，认真面对这些无形运气的态度，已经在日本企业中消失殆尽了。如今，在占卜中"运气"一词往往被理解为毫无根据的扭曲之物。甚至可以说，这导致日本的组织愈发沉重，难以盈利。

但是，我们在有关运气的科学研究中，逐渐看到了希望。将运气可视化并改善运气的新技术，正在逐渐开辟一条从根本上改变人生与经营的道路。

第 5 章

撼动经济的新"无形之手"

5.1　社会能否科学化

看似我们一天的行动和优先顺序可以由自己的意志和选择决定,但是研究表明,它们受到了科学规律的限制。现在我们通过获取大量的新数据,可以更加清楚地看到这一点。

就如同宇宙大爆炸和基因的发现一样,新数据为科学带来的新突破,在科学史上反反复复地发生着。看似人类行为受到了错综复杂的主观感受和情绪的支配,但实际上发挥作用的却是一直用来说明物质性质的、优美的物理定律和数理,这个发现着实令人惊讶。

本章的目的就是将该发现扩展到经济活动。试想,我们是否可以科学地认识并控制企业业绩呢?

5.2 从科学角度来看，
　　　不知"买"为何物

　　经济活动的基础在于我们的"购买"行为。

　　通过购买，面包师才可以集中精力制作面包。为了制作面包，不仅需要面粉和黄油等材料，还需要大量供自己和家人使用的生活必需品。面包师可以通过购买获得这些生活必需品。他用面包换取货币，又用货币购得面粉和生活必需品。农民在面包师不知道的地方种植小麦，其劳动成果在上述过程中，以面包的形式广泛地分配到社会上。

　　要想在面包师和农民之间建立合作关系，两者既不用相互认识，也不必建立信赖关系。两者的宗教信仰可以截然不同，思想也可以互不相容。不同的人的劳动成果通过购买行为相互关联，分配到社会各处。

　　进一步说，面包师用心制作面包，农民集中精力生产小麦，他们可以提高各自的能力、生产力和产品质量。为了更好地创造资源，并将资源广泛地分配到社会上，"购买"是一个基本要素。

让人意外的是,尽管购买行为如此重要,但实际上,从科学角度来看,人们并不知道"买"为何物。

假设今天你要和家人开车去郊外的购物中心。买完东西回家时,请看看都买了些什么,分别花了多少钱。这是由什么决定的,又是什么时候决定的呢?

仔细一想,这个问题极其复杂。希望你回顾一下自己从开始购物到结束购物的过程中接触过的人的数量和他们的工作、物品、信息的数量和种类,以及因受到这些影响所采取的种种行动。这些信息量非常庞大,我们根本无从得知其中哪一项影响了购买行为,哪一项没有影响购买行为。如果被问到今天为什么购买这件东西,人们可能会给出一个看似正确的解释。但是,这不过是牵强附会地为了解释而解释罢了。

5.3 如何从科学角度解读经济活动

当我们试图理解购买这一行为时，一般会认为人是在自己内心的动机、意识的驱动下产生了行动。经济学也是在这种立场上构建的。在经济学中，人们一直都认为，人的购买行为是由人内心的价值标准（称为"效用函数"）决定的。因此当有多个选项时，人们会选择效用高的行动。

最近，人们已经可以测量脑部活动了。人们开始更多地利用脑部测量数据，用大脑这一物质体以及在大脑内发生的神经元发火和脑内物质（多巴胺等）分泌等生理现象代为解释人的心理和意识。这也属于从人类内心寻求原因，与以往借助效用函数进行理解有相似之处。

但是，在借助可穿戴式传感器测量并研究身体运动的过程中，我渐渐开始质疑这些研究方式。因为我意识到，以往人们一直用来理解复杂自然现象的研究方法，与在人们内心寻求原因的研究方法有着根本不同。

这一想法产生的契机来自一种类推，即"人"对应"原子"，"社会现象"对应"自然现象"。第1章中说过，人类行为与原子的能量分布遵循同一个公式。这种对应关系不是偶然的，两者均起源于资源在构成要素间的反复交换。其特别之处在于，原子的能量象征着行动时胳膊的活动次数。

我们回顾一下按照该对应关系研究自然现象的理论。

迄今为止，自然现象一直被看作原子和周围原子团相互作用的复合系统。例如，水蒸气在一定的温度以下会变成液体（凝结），金属在一定的温度以下电阻会变成零（超导），人们是怎么理解这些现象的呢？无论我们多么详细地调查构成水和金属的氢原子和铜原子的性质，都无法解释这些现象。构成物质的原子会影响其周围的原子，同时，周围的原子团创造的"场"（电磁场等）会影响场外的原子。我们一直都是通过原子及其周围原子的双向作用来理解这些自然现象的。

这种科学方法与借助人类内心的动机、效用函数和脑部活动来说明人类行为的方法截然不同。我不是要否定这些方法，只是觉得人类与周围的相互作用更为重要。

如果我们将成功解读了自然现象的科学方法运用于社会现象，情况会如何呢？组成社会的每一个人会影响周围的人和物，同时，此人周围的人和物形成的"场"，又会限制或推动场外人的言行举止，人类行为就是这样产生的。

人类行为产生于"人"和"Context（文脉）"（这里指的是周围的人和物所构成的环境）的相互作用。我认为，不能只把场外的人分离出去，或者仅仅将Context分离出去，必须将两者视为一个"复合系统"。

近年来，这种思考方式已被用于认识人类发展和教育等，称为DST（Dynamic Systems Theory：动态系统理论[1]）。DST的根据之一是，同一个人，处于不同的状况（Context）时，会表现出不同的能力和行动。例如，有时我们会在现实生活中看到,孩子在老师面前能解开某个问题,但到了父母面前就不会解了。即人的能力和行为根据状况的不同而变化万千。

为了定量地推进该研究方法,我们开发出了在测量人类行为的基础上测量状况的技术,在世界上属于首次。利用这项技术,我们可以完整测量并科学解析购买这样的社会经济现象。

5.4 购买行为的全貌测量系统

接下来介绍一项我们团队开发的测量社会与经济现象的技术。

这项技术可以完整地测量实际店铺中发生的购买行为的全过程。我们在某家居建材商店的协助下，测量并收集了店铺中顾客和员工的大量活动数据。在我们对结果进行解析并据此调整了卖场之后，店铺营业额开始大幅提升。

用于测量的便是可穿戴式姓名牌传感器。

该姓名牌传感器和名片一样大小，可以用绳子挂在脖子上（图2-1），重量只有33g。传感器的佩戴者在约2~3m以内见面时，会通过红外线将自己的ID数据发送给对方，同时接收对方的ID数据。这时，时间信息（Timestamp）以及两人相互见面的事实都会记录在嵌入传感器内的存储器里。我们可以掌握传感器佩戴者何时、与谁见了面（参考第2~4章）。在本次实验中，不仅是员工和店长，顾客也配合我们佩戴了该传感器。这样一来，我们就可以记录顾客和员工的交流、员工间的对话和店长对员工的指导等。

经过设置，我们还明确了佩戴传感器的顾客和员工在店内的位置。

汽车导航系统和手机中安装的 GPS（Global Positioning System）都是有名的位置信息获取技术。但是，GPS 需要与卫星通信，在室内不能使用。

而本技术在店铺等室内也可以获取详细的位置信息。具体来说，我们提前在货架上每隔 2~3m 的位置设置一个能发送位置信息的红外线发射器（Beacon）。这一发射器可以通过红外线向周围发送位置识别号码（ID 号码）。这种红外线信号的传播距离有 2~3m 左右，所以佩戴了姓名牌传感器的顾客和员工一旦进入距离发射器 2~3m 的范围，姓名牌传感器就会接收位置的 ID 号码。将该 ID 号码与时间信息一起保存到存储器中，顾客和员工所处的地点和时间就被记录下来了。与电波不同，如果被障碍物挡住，红外线就传递不过去。因此，即使是在 2～3m 以内，也不会误测到货架后面的人。在家具建材商店的实验中，我们在大约 1,000 坪[①]的店铺中设置了 500 个红外线发射器来获取位置信息。借助该技术，我们可以收集动线信息，即顾客和员工在店内是如何移动的。甚至还可以获取很微小的信息，比如在通道中，顾客会看向两侧相对的货架的哪一边（卷首插图 6）。

该姓名牌传感器还可以通过内部嵌入的加速度传感器测出顾客和员工的身体活动。如前面所述，加速度信息在分析人类行为方面发挥了举足轻重的作用。从传感器的摇摆模式中，可以检测出用户的步行情况，此外，还可以实现表示此人积极性的"活跃度"和对话交流类型的"双向率"（实时记录投接球：对话时自己发给对方和对方发给自己的信号）的定量化（参考第 2～4 章）。加速度传感器可以每隔 20 毫秒（1 秒 50 次）记录一次 x、y、z 三个轴的加速度数据。我们可以通过这些详细的

[①] 日本面积单位名，相当于 3305.7 平方米。——译者注

活动数据,来分析姓名牌传感器的微弱摇摆和姓名牌的角度。

综上所述,借助该传感器我们可以收集顾客在哪儿、停留了多长时间、在何时何地与哪个店员进行了对话、对话属于什么类型的交流(不记录对话内容)等所有信息。

而且,我们还可以收集每个员工何时在哪个卖场、是否在库房收货、哪个员工和哪个员工进行了什么类型的交流等信息。

此外,从管理的角度来看,还要收集店长和副店长何时和谁进行了沟通、何时何地进行了工作等信息。顾客和店员行动时的动作和对话活跃度等也要收集。

实际进行实验时,我们在入口处随机选取顾客,并请他们戴上姓名牌传感器。我们向他们说明了在店内进行实况调查的目的,拜托他们在店铺购物的过程中佩戴姓名牌传感器。

结合收银台的购买记录(POS 数据)、排班和店铺布局图(哪个地方在卖什么等信息),我们可以全面收集各种有关店内购买行为和业务运营的数据,而以往这些数据是无从得知的。

很重要的一点是，通过这项技术，我们可以测出顾客从进店到出店的所有行动及其与周围环境（商品、货架、通道和员工）的相互作用。换言之，我们可以定量测量有关人类购买行为的人与周围环境相复合的经济现象。

5.5 计算机 VS 人类，通过提高销售一决胜负

对于认识购买现象而言，获取大量数据本身就是一个很大的进步。但是我们不能仅仅满足于收集数据。仅凭数量庞大、种类繁多的数据，是无法看清购买现象的全貌的。为了读取海量数据中潜藏的意义，发现提高业绩的关键，我们同时也致力于开发新的大数据专用计算机。该计算机（人工智能软件）称为"Hitachi Online Learning Machine for Elastic Society"，下文简称"H"。下面介绍一下具体的实验成果[2]。

我们首先在此商店花了10天时间运用该测量系统获取预备数据，并用H分析了这些测量数据。然后我们让人类专家和H竞赛，看看1个月后这家店铺的销售分别可以提高到何种程度。目标就是提高来店顾客在店内的消费金额（其平均值称为"客单价"）。

我们请在流通行业小有成就的两位专家组成一队，共

同制定提高销售的对策。此外，我们采访了有多年工作经验的公司骨干，咨询了店长和负责店铺改善的人员，同时参考了预先录入的数据。经过这一系列准备，我们确定了水管配件和LED灯具等应该主推的商品群，并在店内设置广告，改善货架陈列等。

而另一方面，人工智能H把输入计算机中的大量数据先分解成一个个小要素，然后对这些要素进行各种搭配组合并重新合成，进而自动生成可能会对提高业绩产生影响的、庞大的数据因素群。具体来说，计算机会自动生成6,000个影响业绩的因素，并对这些因素与业绩统计的相关性进行全面检查。这时，我们并没有利用流通行业的常识和假说，而只是单纯地使用了数据。

经过上述检查工作，人工智能H提出了一个影响客单价的、出人意料的业绩因素——在店内某个特定地点站有店员。我们称之为"高灵敏度地点"。H用定量数值告诉我们，店员在高灵敏度地点的停留时间每增加10秒，顾客的购买金额会平均提高145日元。因此，实验时我们拜托店员尽量在高灵敏度地点上停留。

1个月后，我们再次测量这家店铺，并收集了数据。结果极富戏剧性。人类专家实施的对策对店铺业绩和顾客行为几乎没有产生任何影响。借助我们的测量技术是可以获取顾客和店员的详细行动数据的，因此我们可以从定量角度证明对策并未奏效。

那么，人工智能 H 的成果又如何呢？我们拜托店员尽量多在 H 指出的高灵敏度地点上停留，因而店员的停留时间增至 1.7 倍。结果整个店铺的客单价竟然提高了 15%，这可以说是巨大的业绩成果。客单价提高 15% 的话，销售也会提高 15%，那利润情况怎么样呢？在增加的这部分销售中，必须扣除对应商品的采购成本。扣除采购成本后，营业利润率的增长高达 5 个百分点。日本的流通行业中，营业利润率最高是 5% 左右。营业利润率增长 5 个百分点的话，也就相当于利润增长了一倍。

有趣的是，我们需要解释店员在高灵敏度地点的停留和客单价的提升之间的关联性，可要用语言说清楚并非易事。店员在高灵敏度地点停留时，顾客在店内的走动路线会发生变化，在以往很少经过的高价商品的货架前停留的时间会增加——我们有证据可以证明这一点。但让人费解的是，既然是为了改变顾客的走动路线，那为什么要将高灵敏度地点定在远离问题商品货架的地方（实际上离得很远）？此外，后面我们也会提到，店员在高灵敏度地点停留后，店员和顾客身体运动的"活跃度"也随之提高了，这点就更难解释了。对于这些提高销售额的要素，我们即便通过实验证实了，也无法直观地说明其原因所在。因此，人类想要提前确立假说，无异于天方夜谭。对于这种人类绝对无法确立的假说，人工智能 H 却可以做到。

5.6 学习型机器大显神威的时代

H从大量数据中导出了提升业绩的对策，下面我们就介绍一下这项划时代的技术。

过去，人类基本都是将自己想处理的功能作为计算机程序输入计算机，然后从中输出数据。由于计算机程序表示的是功能和动作的模型，因此以往这种信息处理方式可以称为"从输入的模型中生成数据"。

以往的信息处理主要是用计算机代替人工作业，以提高效率。如果将人类的工作转化成模型，那么一直以来人们花费时间和成本所做的工作，都可以用计算机自动输出了。例如，以前人们需要花几天时间来计算公司员工的薪酬并统计全国店铺的销售业绩，现在就可以让计算机来做。

一般来说，信息处理分为演绎和归纳两种。可以说，迄今为止的信息处理都属于演绎。我们重温一下演绎的定义：从一般性、普遍性的前提，得出个别性、特殊性结论的推论方法（维基百科）。迄今为止的信息处理，都是人类通过制作计算机程序，写入一般性、普遍性的前提，然后得出数据这种个别性、特殊性的结论。对于那些前提和一般规律已经明确的问题，演绎法可以发挥作用，但是对于那些前提尚且不明的问题，演绎法就无计可施了。目前，计算机在演绎处理方面，展现出了非凡的能力，而在归纳处理方面，却显得无能为力。

目前，想要有效运用大数据，需要"归纳"的能力，而这种能力正是计算机一直以来的短板。所谓"归纳"，指的是从个别性、特殊性事例中找出一般性、普遍性的规律（维基百科）。现在，在输入意义不明的大量数据后，我们需要可以明确这些数据背后的模式和规律的能力。简而言之，就是要创造一种"学习型机器"。

在学习型机器中，输入的是数据，输出的是从数据中分析得出的规律。也就是说，我们需要从输入的数据中倒推出生成数据的源头模型。如果能做到这一点，那么在前面店铺的例子中，我们就可以从大量的数据中找出最能有效提高店铺业绩的原理。

微软公司的创始人比尔·盖茨在2004年说过:"学习型机器的诞生,相当于10个微软公司的价值。"(日本经济新闻,2014年3月4日)另一方面,从这句话中可以看出,虽然他认识到了这项技术的巨大影响力,但是在十多年前的2004年,距离学习型机器的诞生,还有很长的路要走。

现如今,我们的学习型人工智能H将畅想变成了现实。这种兼具演绎和归纳两种处理方式、时刻从大量数据中学习的新型计算机,将在解决复杂问题、判断状况、判断经营情况方面大显神威。

5.7 人类的假说验证分析不能用于大数据

多年来，人们一直在研究用计算机分析大量数据的技术（称为 Analytics）。这项技术和我们现在介绍的"学习型机器"有何不同呢？

一直以来，分析者都是使用擅长演绎的计算机来分析数据（Analytics）。能进行这种分析的专家被称为"数据科学家"，作为现在最受关注的职业之一，数据科学家广受世人期待。

但是，这里有一个很大的问题。分析数据本来是一种"归纳性"工作，却不得不使用"演绎专用"的计算机。为了弥补其中的差距，在分析数据时，人类必须制定一个恰当的假说。那么，人类能制定出恰当的假说吗？

我们来看一下实验店铺的实际情况吧。数据的数量庞大、种类繁多，包括顾客、店员、货架、商品、时间和行动等等。数据属性的选项过多，人们根本不知道怎么制定假说。庞大的数据中究竟包含着怎样的现象和规律，人类无从想象。

实际上，人类根本就制定不了假说。明知制定不了却非要制定，那制定出的只能是相关人员容易想到的和已知的假说。就像这次竞赛中的专家一样，只能根据对相关人员的采访、以往的经验和直觉来制定假说，也只能用数据来验证该假说。

而且，这种由分析者提出假说并验证的方式，要花费巨大的时间和精力。制定假说时，还需要咨询相关人员并调查现场。从经验来看，包括上述咨询调查在内，对分析用数据的整理工作占整个分析工作的90%以上。即使可以使用计算机，9成以上的工作仍是连续的人工作业和反复的实验摸索。

这很接近工匠从事的手工业。看到以往的大数据分析现场，我们会产生一种错觉，仿佛又回到了家庭手工作坊。"分析家""数据科学家"看似是最先进的高科技职业，但实际上他们完全身处手工业世界，靠的是师傅与徒弟的直觉和经验。那些重要的、需要人力的工作，既没有实现工业化,也没有实现计算机化。

即使花费这么多的人力,按照提前制定的假说进行分析,很多情况下得出的也都是"理所当然"的结果。这一性价比未免太低。

我们在这里做的工作,正是历史上的科学家一直在做的工作。所谓科学家的工作,指的是找出观测数据背后的规律。回顾科学的历史,这是牛顿、路德维希·玻尔兹曼、爱因斯坦、薛定谔等少数天才所做的工作。而且,这样的科学发现屈指可数。只要不改变类似于以往手工业的方法,那么即使获取了大数据,也不会有太大改变。

有了人工智能H这种学习型机器,人类将不再需要"Analytics"。

5.8 学习型机器会提高人类 "从过去学习的能力"

要使大数据在有科学依据的情况下发挥作用，必须用计算机代替牛顿等天才的工作。当然，模仿或代替天才的灵感并非易事。

回想一下，人类曾经梦想能像鸟一样在空中飞翔，而这个梦想是通过飞机这种完全不像鸟的东西实现的。在讨论人工智能时，有的人态度强硬，认为人类智能必须通过人来重现；也有的人想法灵活，觉得虽然起初人类梦想是能像鸟一样在空中飞翔，结果却是发明了飞机，这说明只要有方法智能地解决问题就可以了。我的想法属于后者。

有了学习型机器，计算机便可以从大量的数据中进行学习。其学习的数量和速度，远远超过人类。飞机可以用远超鸟类的速度在各大陆之间航行，而学习型机器则可以从大量数据中发现天才都发现不了的规律。

同样的事情也发生在将棋的世界。在日本一场名为"电王战"的计算机和棋手的对战中,计算机软件拥有了远超一流棋手的能力(那些勇于挑战计算机的人们,尤其是敢于挑战这场吉凶未卜的对战的专业棋手让我深受触动。我发自内心地为他们鼓掌喝彩)。

很重要的一点是,计算机能从过去的大量棋谱中学习并迅速提升能力。电王战看似是计算机和人类的对战,但其实可以说是系统性的学习方式与以往的学习方式——即从人类过去的所有智慧中学习,与从自己的体验中学习之间的对战,结果是前者胜出了。

有意思的是,专业棋手最近开始学习计算机的下法了,说不定人类会因此掌握新的能力。

如前面所述,对于 H 发现的提高业绩的对策,我们很难单纯用以往的店铺经营常识来理解。但是,经历几次之后,人类就会开始学习。因此,应该说 H 是促进人类积极学习的机器。

难道我们就不能掌握计算机那种分析并学习大量数据的能力,准确且科学地判断业务和经营吗?从这种想法出发，我们开发出了人工智能 H。"H（Hitachi Online Learning Machine for Elastic Society）"这个名字来自英国侦探小说家柯南·道尔笔下的夏洛克·福尔摩斯（Sherlock Holmes）名字的首字母。在《血字的研究》中，夏洛克·福尔摩斯初次与华生见面，就根据他的细微特征猜到他有参军经历。根据证据和状况，福尔摩斯可以倒推出犯人和犯罪情况。同样，H 也是从数据中倒推出产生数据的处理模式和模型。夏洛克·福尔摩斯说道：

> 我完全不会先入为主，而是如实还原事实真相。
> 最重要的是，能从诸多事实中，分辨出何为重大事项，何为附带事项。否则只会浪费精力和注意力，无法聚精会神。(《赖盖特之谜》)

这也是我们的人工智能 H 要达到的目标。

为了达成这个目标，人工智能 H 具备了以往计算机没有的特点，即可以让输入的各种数据相互结合，自动输出可能会影响业绩的大量因素。并且，在多种因素搭配组合后，会形成复合因素，其数量就更为庞大了。

一般来说，人们想要提升的目标变量数据，是店铺1天的营业额（日销售额）等宏观信息，而用来说明这些信息的大量数据，是表示每时每刻、每个顾客、每个店员、每个地点的微观信息。表面看来这些数据与业绩的直接关系不大，而"H"的特点便是可以填补这两者之间的鸿沟。我们将弥补微观和宏观之间差距的独立技术（已申请专利）称为"跳跃学习"（Leap Learning）。

下面我们介绍一下跳跃学习的优点。假设我们要探讨能有效提高店铺业绩的因素。我们很容易预测到，店铺的业绩取决于店铺面积（面积大的店铺营业额高）。对此也很容易分析，因为店铺的业绩与用来说明该业绩的店铺面积的"粒度"相同（数据一一对应）。如果我们将两者列个表，用电子表格进行回归分析，就可以预测出店铺面积每扩大1坪，营业额会增加多少。由于业绩和店铺面积是粒度相同的宏观量（每家店铺都有一个数据），因此很好分析。

在这次竞争中，H发现的对策就属于影响业绩的微观因素，要想找到微观因素，并不像上面预测宏观因素那样简单。针对什么顾客、在店铺的哪里、什么时段、哪个员工接待顾客，才能最有效地提升业绩呢？要想锁定影响业绩的因素，就要对这些条件进行搭配组合，而组合的数量是十分庞大的。H具备一种引擎，可以有效地从数据中找到影响业绩的各种因素，这是以往的数据科学家分析不出来的。

运用大数据时，最大课题是如何填补宏观业绩与微观数据之间的粒度鸿沟（为了说明一个宏观数据，要动用各种微观数据的组合）。但是，据我所知，在以往的分析技术（称为统计学、多变量解析和机器学习）中，没有一项可以弥补微观和宏观的差距，输出其背后潜藏的模型。

10年前，我们刚开始研究大数据时，就遇到了如何弥补微观和宏观之间的差距这个难题。我们研究了各种运用大数据的工作，发现这些工作都涉及微观和宏观两个方面。因此我们思考，这个难题是不是已经被攻克了？于是，我们在统计学、多变量解析和机器学习中探索，看有没有解决这个难题的技术。

然而，寻而未果。可能是因为在大数据出现之前，这些学术领域的问题就已经固定了。例如,多变量解析广泛应用于心理学的问卷调查和临床医学的药物疗效分析,我们只要研究"人"这类粒度统一的数据即可,不必关心宏观和微观的差距。机器学习应用于图像识别(图像中的脸部识别等),我们只要研究"图像"这类粒度统一的数据即可。不管是多变量解析还是机器学习,都不必处理大数据中粒度不同的微观和宏观数据。

这10年来,伴随大数据的出现,处理粒度不同的微观和宏观数据的需求应运而生,但是人们从来没有正面解决过这个新问题。因此,我们决定从零开始,开发大数据分析技术,即学习型机器H。

5.9　3种人工智能

从机器会学习这个意义上来说,人们研究开发出的人工智能全都在以某种形式进行学习。不过,根据目标方向的不同,人工智能可以分为3种,分别为"运转判断型""问答型""模式识别型"。

其中,无需对大数据进行分析的学习型机器 H 属于"运转判断型"人工智能。具体内容如本书的介绍,比如提高店铺和呼叫中心的生产力,降低铁路和水处理设备等社会基础设施的运转成本,协助判断顾客需求和市场定位等。最近发展神速的将棋和围棋软件也属于运转判断型的人工智能。

"运转判断型"人工智能的原理特点在于,将现实世界理解为一种微观要素——集合（=集团）。这是19世纪下半叶奥地利物理学家路德维希·玻尔兹曼所采取的方法的延伸（章末注1）。

该领域最近发展迅速,很大程度上得益于过去100年间先人构建的统计力学的体系和技术方法。而且，随着数据的大量收集，统计力学的作用也越来越得到发挥。

笔者一直关注"运转判断型"人工智能的巨大影响，致力于开发人工智能 H。

下面简单说一下其他两种人工智能，供大家参考。

很多人印象中的"人工智能"最接近第 2 种——"问答型"。问答型人工智能指的是用语言回答人的提问，当今问答型人工智能的代表就是 Google 公司的网页检索系统。最近，IBM 公司开发了一款叫作"Watson"的问答型人工智能。Watson 参加了某猜谜节目，战胜了猜谜大王，顿时成为人们议论的对象。问答型人工智能不会输出直接的判断结果，而是会提供与提问相关的信息和知识。至于使用这些信息和知识进行具体的判断，就是人类的工作了。第 3 种是"模式识别型"的人工智能，可以用计算机来识别图像、声音等数据。比如锁定照片中的人、识别人说的话等。这个领域也随着数据量的增加、计算机的高速化以及机器学习技术的高度化而飞速发展。例如，手机中安装的声音识别软件和数码相机中安装的人脸识别软件就属于该领域。

迄今为止，在人工智能和机器学习的领域中，关于"问答型"和"模式识别型"的研究很多，"运转判断型"的研究相对较少。现在大数据备受关注，想必今后"运转判断型"人工智能也会飞速发展。

5.10　通过大数据获取利益的3项原则

我的研究团队从10年前就一直在研究如何从大数据中发现价值,那时还没有"大数据"这个词。我们的这个构想领先了世界七八年。

看到这里的读者,可能会觉得这项研究很顺利地得出了结果,但实际上,在该研究过程中,我们遇到了接二连三的困难。不过,我们的研究并非无用功。应该说,该研究有作为先行研究的意义。在困难中吸取教训,改变做法,并为此开发技术,研究适用的方法——经过这一系列努力,我们在此介绍的成果才开始显现。

在这10年的研究中,我们总结出了运用大数据时的3项原则。实际上,我们因为做了违背这些原则的事情而大吃苦头,后来我们遵循了这些原则,研究就步入了正轨。

"通过大数据获取利益的3项原则"如下所示[3]。

第 1 项原则　明确应该提高的业绩（Outcome）
第 2 项原则　广泛收集与提高业绩相关的人财物数据
第 3 项原则　不依靠假说，让计算机从数据中倒推出提高业绩的对策

在前面提到的商店的事例中，一开始我们就有意识地遵循了这 3 项原则。我们先介绍一下最重要却一直做不到的第 3 项原则。

简单来说，第 3 项原则就是让计算机制定假说。之所以做不到这点，是因为对于数据分析，人们普遍认为是由人类制定假说，然后用计算机和数据来验证该假说。

制定假说并验证，是解决问题的正确步骤。但是，当问题中存在大数据，就不应该由人制定假说。只有由计算机制定假说，才能体现出大数据的价值。我们必须舍弃人类制定假说这个固有观念。

前面也说过好多次，人类根本无法理解大数据的全貌。别说全貌，就连其概要人类都无法掌握——这就是大数据的特征。在这种情况下，人类必定会无视大数据的价值，依靠经验和直觉制定假说。对于存在各种大数据的问题，由

计算机制定假说的时代到来了。

应该由人来制定假说，这一想法给人施加了很大的压力。如果有人被分配到有大数据的项目中，并试图做些什么，就会相应地产生一些费用。而想要使用大数据的当事人，通常没有审批费用的权限。于是，当事人必须向有审批权限的公司领导进行说明。然而，很多情况下，没有假说根本通过不了审批。因此当事人会希望将上述 3 项原则普及给公司的高层，推进正确的探讨。

当然这无可厚非，毕竟以往还没有第 3 项原则需要的学习型机器。不过现在，学习型机器 H 的出现改变了这个状况。

第 1 项原则和第 2 项原则论述的是应用第 3 项原则的前提。第 1 项原则是明确应该提高的业绩（Outcome）。对企业来说，业绩尤为重要，直接关系到财务收益。

也许你认为第 1 项原则是理所当然会做到的，但实际上做不到的情况居多。更准确的说法是，一直以来，我们因为做不到这一点而大吃苦头。在大数据的事例中，人们往往会认为，既然有这么多的数据，能不能想办法用上它们呢？很多时候，人们以这样的想法为契机开始利用大数据，而这种想法单纯地作为一个契机也的确是可以的。

但是，如果我们无法推定应该提高的业绩，这种想法就会失败。因为不能推定，就无法制定工作目标。这个道理看似谁都明白，却谁都做不到，着实出人意料。之所以会这样，是因为我们在开始观察数据，并且实现了部分数据的可视化后，就会感觉很新鲜。这意想不到的趣味性也使得顾客兴趣盎然。因此，仅仅是实现了数据的可视化，就会让顾客误以为数据是有价值的。但是，冷静地想一想，不与财务收益挂钩的东西，是没有最终价值的——这就是第1项原则想要告诉我们的问题。

假设我们遵守了第1项原则，但要遵守第2项原则更是难上加难。很多情况下我们会想，仅靠自己轻松得到的数据是不是就能做些什么，而不会想要广泛地收集与业绩相关的数据。

具体来说，这里有两大关卡。首先，我们往往认为，使用别人的数据时，必须要有明确的理由。而且，考虑到既然用了别人的数据，对方就会期待相应的成果，我们往往会将索要的数据限定在可以用理论说明的最低限度。这就是阻碍我们遵守第 2 项原则的关卡。这样一想，必然会认为要想得到别人的数据，必须先设定假说（结果就偏离了第 3 项原则）。但是，我们明明不知道数据中潜藏着什么，却不懂装懂地说出自己的假说和得出成果的概率，以此来索取数据——这种做法并不可行。我们希望能够正大光明地公开说出："关于假说，就让计算机根据数据来制定吧。"

再者，人、财、物等信息全都和业绩相关，很多时候，在信息系统积累的数据中，关于物和财的数据有很多，而关于人的数据却严重匮乏。如果无视这个事实并贸然推进，结局只能是无功而返。

与人相关的数据之所以重要，是因为顾客和员工的行为会大大影响业绩。

营利活动由 4 层构造组成。首先，第 1 层是应该提高的财务层，财务直接反映业绩。第 2 层是需求层。所谓需求，指的是顾客需求和购买行为，因为付款的主体是顾客，所以需求自然会大大影响第 1 层的财务。第 3 层是业务层。

回应顾客需求的是业务，业务的成功与否自然会影响需求。第4层是设备和投资层。对设备和人才的中长期投资决定了业务的生产力、规模和质量。基础设施的准备和人才培养等就属于这一层。

人、财、物要素贯穿于这4层构造，尤其是在第2层的需求和第3层的业务中，人的行为有着决定性的影响。因此，我们必须针对需求和业务中有关人的信息进行深入的分析。然而，很多情况下我们都没有进行这种分析。

现在已经有很多方法可以获取有关人类的数据。人类行为数据的测量和解析是一项有偿服务（日立高新技术集团在提供这项服务，服务名称为"人类大数据云"），虽然多少要花些费用，但是必要的数据还是要获取的。在数据不足的情况下就开始分析会浪费宝贵的人力和时间，因此获取到人类数据之后再分析反而更划算。利用这些方式收集有关人、财、物的数据至关重要。

5.11 学习型机器可用于解决所有社会问题

上述3项原则和学习型机器可以广泛用于解决各种问题。例如，我们将呼叫中心的业务作为Outcome，构建一个体系以广泛收集业务记录和负责人的行动数据，并输入学习型机器。这个事例我们在第2章就介绍过了。

又比如，我们将学校和教育机构的学生成绩、教学成果作为Outcome，输入考试成绩的变化、学生的升学地和课堂内外师生行动的数据。这样一来，就可以在计算机上构建一个包括学生、老师和课程在内的虚拟学校模型，建立起在有限资源下将学校的教学成果最大化的行动体系。

我们再把眼光放远一点，将振兴城市经济和缓解交通拥堵作为Outcome，广泛收集整个城市的行动数据。如果能得到居民的协助，就可以有效利用手机上的位置信息、加速度传感器中的信息，以及经济统计数据和交通信息。将这些信息输入学习型机器，就可以在计算机上自动构建一个虚拟城市模型。基于这个模型，我们可以利用有限的预算和资源，根据数据找到促进城市发展的方法。

我们进一步把眼光放到最远，考虑如何解决整个地球的问题。例如，我们将解决地球环境问题、全球化经济发展、解决国际纠纷作为 Outcome。为此，我们要收集地球上的各种数据，并将其输入学习型机器。想要输入所有数据，就需要一个超大规模的计算机和存储器。假设真有这样超大规模的计算机和存储器，就可以在计算机上构建整个地球的模型了。或许我们可以在计算机上构建有关复杂地球问题的模型，并得到一些解决思路。

5.12　人类和工作将与机器共同进化

学习型机器的出现，将大大改变社会服务和人类在社会中的作用。

回顾历史，成为20世纪经济发展原动力的是美国管理学家弗雷德里克·泰勒（1856—1915年）的《科学管理原理》。泰勒深入研究了钢铁厂中的铁铲作业。研究过程中，泰勒将工作分解成一个个过程（或动作），在每个过程中可以发现一些徒劳的工作和短时间内能改善的工作。然后他整理了每个过程的标准状态，将其写成手册，并严格按照手册推进工作。这样一来，对于那些看似只有熟练工才能做的工作，即使是经验少的工人也可以做，并且能够保证一定的质量。

泰勒的科学管理法后来也被称为"工业工程"，于20世纪被广泛应用于各种业务。这种将业务分解成一个个过程、实现过程标准化，以避免徒劳的方法至今被广泛应用于所有业务和服务中。

20 世纪下半叶，人们利用计算机彻底落实了这一手段。用计算机程序写下处理步骤，就可以按照步骤处理并输出大量数据了。起初，人们用计算机处理会计事务，后来扩展至所有企业活动，开始用计算机掌握接单、采购、制造、库存、发货和人事等一切业务流程。在这里，人们按照泰勒的思考

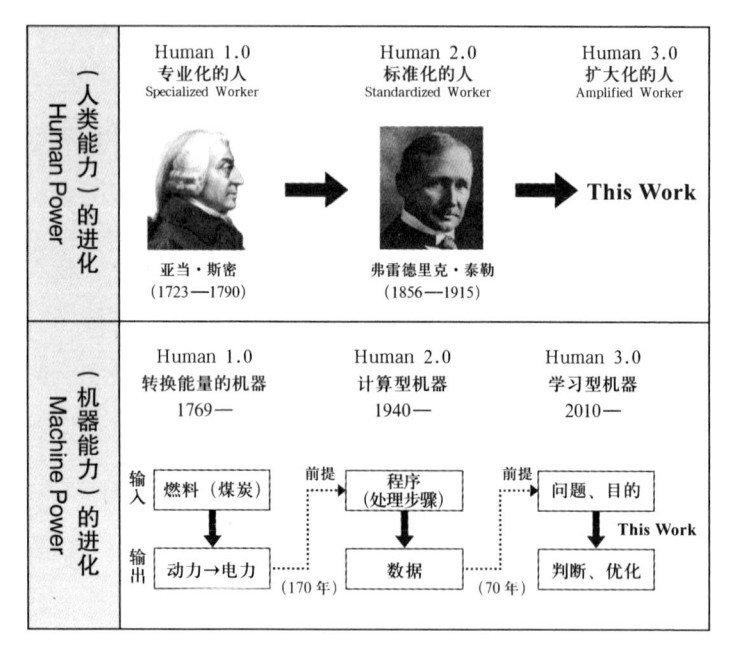

（人类能力）的进化 Human Power	Human 1.0 专业化的人 Specialized Worker 亚当·斯密 （1723—1790）	Human 2.0 标准化的人 Standardized Worker 弗雷德里克·泰勒 （1856—1915）	Human 3.0 扩大化的人 Amplified Worker This Work
（机器能力）的进化 Machine Power	Human 1.0 转换能量的机器 1769— 输入：燃料（煤炭） 输出：动力→电力	Human 2.0 计算型机器 1940— 前提：程序（处理步骤） 数据 （170年）	Human 3.0 学习型机器 2010— 前提：问题、目的 判断、优化 This Work （70年）

图 5-1 Human Power（人类能力）和 Machine Power（机器能力）的共同进化促进了生产力的提高。分工制造工具、深化专业的人类（第 1 代）共享并学习优秀人员的技术（第 2 代），跨越时空，从全部现实中直接而自主地学习，以提高自己的能力（第 3 代）。

方式将业务分解成一个个过程，实现过程的标准化，然后用计算机记录并管理每个标准化过程的状态和动作。

计算机软件一旦成形，就无法像人类一样灵活变通，我们可以利用这一点，用计算机将标准化的业务流程彻底贯彻到整个组织中，同时还可以降低以往在管理方面花费的庞大的间接费用（人事费）。

重要的是，工作方法的革新使得新机器（计算机）的产生成为可能，而机器又可以协助工作的实施，两者相互发展，共同丰富了社会。

德鲁克指出，在泰勒之后，体力劳动的生产率平均每年提高 3.5%，于 20 世纪末提高到了 50 倍。这"成为 20 世纪经济和社会发展的基础"，而且"创造了我们今天所说的发达国家经济"（《已经发生的未来》）。

我们将按照泰勒的思考方式共享最有效的方法并提高了能力的人称作"Human 2.0"。其最大特点在于，将人进行了"标准化"。与之相对，我们将以前通过分工推进"专业化"的形态称作"Human 1.0"（图 5-1）——这是亚当·斯密描述的工作者（Worker）的特点。

一直以来，企业信息系统都在支持Human2.0的工作。但是，现在的投资回报率很快就要达到极限了。这就是我们在此介绍的第3代机器（信息系统）出现的背景。

如前面所述，如果德鲁克高度评价了泰勒的工作，那么正确指出其工作极限的也是德鲁克。很遗憾，在很多服务中，即使实现了业务流程的标准化并整理成手册，对生产力的提高也是有限的。

例如，仅靠手册无法提高护士和商场售货员的工作效率。护士除了看护患者这一本职工作外，还必须写文件、与相关人员开会、负责各种调整事务等。商场的售货员也一样，除了为顾客推荐商品、促使顾客购买的本职工作以外，还要写文件、调查库存、留意配送状况等。在复杂多变的情况下，对这些工作优先程度的判断和时间分配方法，是无法写成手册的，只能靠护士和售货员本人的判断。

德鲁克指出，从这个意义上来看，护士和售货员不是手册工作者，而是知识工作者——原本知识工作者这个词就是德鲁克创造的（经常有人狭隘地将知识工作者理解为白领。但是，这个词的创造者德鲁克将知识工作者用于最广泛的对象，列举了护士、售货员和汽车修理工等例子）。当今发达国家的很多工作都属于服务型产业，并逐渐成为知识型工作。

对知识工作者而言，重要的是设定工作目的和目标。之所以这样说，是因为只有明确了目的，才能在复杂多变的情况下灵活而准确地做出判断。如何面对变化，决定了企业的兴衰。对此，德鲁克描述道："我们知道变化是不可避免的。引起变化正是企业的主要功能之一。"（《管理的实践》）

基本来说，通过磨炼人的能力，可以提高其灵活应对企业变化的适应力。德鲁克在著作中阐述了这一点。并且，德鲁克反复论述了知识工作者本身对结果负有责任，强调了"自我约束，持续学习"的重要性。

如今出现的学习型机器以及运用该机器的信息系统有力补充并提高了人类的学习能力，或许也可以由此提高生产力。我们称之为第 3 代机器，即 Human 3.0。其特点在于将人类的能力"扩大化"（图5-1）。就像将ERP（整合业务软件包）这样的计算机运用于Human 2.0的"标准化"一样，在Human 3.0中，计算机可以协助人们持续学习大量的数据，而这些数据是人类自己看不过来的。这样一来，仅凭人的经验就可以做出准确的判断了。而且还可以让人们做出以往业务手册中没有记录的灵活判断，即使商业状况（流通和供需等状况）改变，也可以适应变化。这与以往那种即使情况改变，也继续同一种做法的习惯形成了鲜明的对比。

以往人们普遍认为，业务的标准化和手册的制定是提高业务的应有姿态，用户和员工也一直在迎合固定的手册和机器。虽然实现了业务流程的标准化，并借助计算机严格遵守这些标准，但实际上，在很多需要应对复杂多变的状况的服务行业中，这种做法并不可行。应该说，人们甚至担心该做法会阻碍业务的推进。

而在第3代机器的工作中，不是人类去迎合机器和流程，而是让机器迎合人类。在变化的环境中，机器会为自主做出判断并对结果负责的人们提供支持。

今后，计算机将发展成主动学习数据、理解本书所论述的人类身体与社会的规律和制约的机器。用这样的学习型机器武装起来的知识型工作和服务，可以时常通过数据从历史和最新情况中学习，灵活适应变化，并自主地催生变化。德鲁克梦寐以求的知识型工作的理想形式就有望实现了。

5.13　人类应做之事与不必做之事

有人可能觉得，计算机都进化到这种地步了，岂不是没有人类要做的工作了。其实不然，只有人类能做的工作还剩 3 项。

第 1 项，学习型机器不能设定问题。它只不过是在收到问题后，使用数据提供准确的信息和判断。人类要做的是明确需要解决的问题，执行学习型机器做出的判断。

第 2 项，学习型机器只适用于可以用数值来表示目的、有大量相关数据的问题。但即使我们身处未知的状况，也只能往前走。即使目的地模糊不明，没有过去的数据，我们也只能在迷雾中摸索前行。在这样的状况下，做出决策就是人类的工作。

第 3 项，学习型机器不对结果负责。对结果负责是人类固有的能力。这时人类要做的是考虑第 1 项、第 2 项的限制，判断是否应该使用学习型机器，如果可以使用学习型机器，就需要定义应该解决的问题，并为机器提供合适的数据。不管是否使用学习型机器，对结果负责的都是人类。责任归属于人类，也就意味着工作和技术更是以人类为中心。

今后，那些学习型机器擅长的工作，想必会迅速从人转移到机器。比如对收到问题（目标可以用数值表示的、有大量相关数据的问题）的解决方法进行思考和判断的工作。代表性的例子是软件处理程序（算法）的开发工作。目前人们仍将该工作视为高度智能型工作之一，但学习型机器运用过去的大量数据自动生成算法的时代即将来临。

在将棋软件方面，以前是人把将棋棋谱作为算法编入其中。但最近，机器学习代替了人力劳动，因此将棋软件的水平实现了飞跃发展。

在声音识别和图像识别的开发工作中，也出现了完全相同的情况。多年来，人们认真研究声音韵律和音节结构，并将其编成算法，渐渐改善了声音和图像识别率——这是数不胜数的优秀研究者们一直在做的工作，而且一直被视为高度智能型工作。但是，近几年机器通过学习数据编写的识别算法［研究这种模式识别型问题的方法被称作深度学习（Deep Learning）法］很快就超越了人类编写的算法。这导致机器开始代替人类进行算法开发工作。

一直在从事这类工作的人，应该尽快将重心转移到创设问题的工作上。继续从事这种适合机器来做的工作，风险太大。

随着学习型机器的出现，人类应做之事和不必做之事发生了巨大变化。我们理应将这种变化看作人类和机器之间新型合作关系诞生的过程。通过将合适的问题交给学习型机器，人类解决问题的能力会飞速提升。能有效利用这种方法的人或组织，与不能有效利用这种方法的人或组织将逐渐拉开差距。

5.14 新的"无形之手"将为世界带来新的"财富"

大量数据和进化后的学习型机器带来的不只是利益。人们在遵循这3项原则追求利润时,无形中还会为社会带来"共鸣"和"幸福"。

具体就以前面店铺购物的例子进行说明。该店铺确定了提高业绩这一目的,并输入大量数据,用主动学习数据的人工智能H倒推出了提高业绩的模型。根据H得出的结果,店铺让更多的店员站在高灵敏度地点上,最终使业绩提高了15%。

这家公司之所以要改变员工的配置,是为了提高利润。但实际上,配置的改变不仅提高了业绩,还提高了员工和顾客的活跃度(超出基准值的快速身体运动的时间占比)。正如第2章中所说,活跃度提高与幸福感的提升、积极性的提高息息相关。经过详细调查后发现,业绩之所以会提高,是因为通过活跃的身体活动,员工的积极性和顾客的活跃度提高了。

人们往往认为，业绩的提高得益于改变配置带来的店内顾客流动的变化。但我们观察数据后发现，原因在于整体接待顾客时间的增加。耐人寻味的是，顾客被接待的时间长短与该顾客的购买金额并没有直接关系（从统计结果来看，没有必然的相关性）。不过，当顾客在店内看见自己周围有很多店员接待顾客的场面，该顾客的购买金额就会增多。接待顾客的直接效果在于向顾客传达其不知道的信息，间接效果在于顾客看见其他顾客在和店员积极对话，会感觉十分热闹。相比直接效果，间接效果对业绩的影响更大。实际上，从加速度传感器的测量结果可知，员工待客时的活跃度提高了。而顾客看见待客场面后，停留时间也会随之增加，进而购买金额提高。数据表明，仅仅将店内的待客频率提高10%，客单价就会提高92日元，仅仅将待客时的顾客活跃度提高10%，客单价就会提高68日元。

像第2章中介绍的那样，人的"幸福"取决于与他人的共鸣和行动的积极性。不是说有共鸣或积极行动了就能轻易得到幸福，而是说有共鸣或积极行动本身就是人类幸福的原形。因此,当我们使用大数据来获取利益时,也会在无形之中获得与人的共鸣、积极性和幸福感。

这种现象不仅存在于店铺。正如第 2 章中介绍的那样,在呼叫中心的电话运营业务中,从数据中锁定提高销售的主要因素并进行改善,将提高员工的共鸣、积极性和幸福感。而且,以往人们认为与业绩无关的、休息时的员工活跃度提高 10% 的话,接单率就会提高 13%,这既是提高业绩的对策,也是提高员工幸福感的对策。

在 18 世纪资本主义黎明时期,英国道德哲学教授亚当·斯密用"看不见的手"一词表示自由经济的特征。也就是说,个人在追求自身经济利益的过程中,财富会在无形之中分配给社会,整个社会也随之富裕起来。

同样的事也将发生在运用大数据的第 3 代 Human 3.0 上。也就是说,运用大数据追求个人利益时,会出现一只超越"看不见的手"的、新的"数据的无形之手"。越是使用大数据追求个人利益,"数据的无形之手"就越会在无形之中引导社会走向富裕。这样一来,以往与经济价值没有直接关系的人的"共鸣"和"幸福"等,也与经济价值联系起来了。

正因为大数据和计算机纵观了多种因素之间的复杂依存关系，我们才得以发现这种联系。让人印象深刻的是，比起人类自己，计算机得出的答案甚至更关心人类。而且，计算机不会像人类那样因过度相信自己有限的经验而抱有偏见。一直以来，人们往往认为"追求经济效益"和"追求人类应有的充实感"是相互对立的，但是数据和计算机将两者联系在了一起。

亚当·斯密写过两本书，《国富论》和《道德情操论》。前者论述了经济富裕的本质，后者论述了人类应有的生活方式。这两者合二为一，形成了一种理论。斯密主张，追求经济效益和追求人性这两者应该相互配合，共同发展。然而，继斯密之后，人们普遍开始根据有限的数据单纯追求经济效益，而将追求人性抛诸脑后。斯密想说的是，经济效益和人性不是对立的，而是相关的。随着大数据和智能计算机的出现，斯密的这种想法终于成为可能。

注 1

　　玻尔兹曼成功地从微观气体分子运动中导出了宏观气体的性质。我们称其为统计力学，是物理学的一部分。这一知识体系从20世纪80年代开始应用于人工智能领域。如果使用该统计力学体系，即便无法预测微观构成要素的个别活动（从物理上来说就是个别粒子的运动），也可以随机获得整个群体的性质（这里可以用第1章中介绍的玻尔兹曼定义"熵"的概念来解释）。该体系的所有性质都会反映在基本方程式中（比如我们经常用到的将自由能表示成温度和体积的函数方程式），该方程式使判断优先程度（例如，在物理体系中，可以根据自由能的大小在多个候选状态中预测哪个状态稳定且实际可行）成为可能。

第 6 章

社会和人生的科学将带来什么

6.1 在濑户内海的直岛描绘未来

前面我们一直在介绍,通过收集和利用人与社会的定量数据,科学技术的地平线不断推进,现在扩展到了社会和人生。以往被人们狭隘地认为是理工类的科学技术,开始有了更广泛的社会意义。

伴随大数据的出现而产生的新科学今后将何去何从,又将给社会和我们的人生带来什么?利用这个新的可能性,我们应创造出怎样的新社会?

这个问题没有正确答案。准确地说,答案要靠我们今后创造。但是,答案不会不请自来,为了创造答案,我们必须集合科学、技术、产业和社会的各种智慧。为此,我们推进了一项企划:特意将平时没有交集的各个领域的专家聚集起来,一起讨论今后应该完成的重大挑战。

2010年3月6日,32名专家聚集在濑户内海一个名叫"直岛"的小岛上,他们几乎都素未谋面。直岛被开发成了一座艺术岛屿,安藤忠雄先生在此设计了一座清水混凝土建筑，置身建筑内外，大家可以看到奇形怪状的造型以及用沙子做成的美国国旗被蚂蚁蛀食后的样子。

这32人是在日本国内尖端技术、人类科学和商业最前沿的超一流关键人物。笔者组织这些评论家们进行了为期三天两夜的共同活动。

他们抵达会场后，中午吃了便当。因为大都是初次见面，所以场面有些僵。毕竟他们的领域各不相同，平常也没有交集，甚至连使用的语言也不一样。但是，通过"World Cafe"（约4个人一个小组，不断改变小组成员的组合，让他们进行交流）等形式，未来蓝图逐渐形成语言。这些专业领域各异，甚至没有共通的基本用语的人，开始了知识的融合。他们连日秉烛夜谈，想法超越了以往的技术和商业，扩展至未来。2天后，我们要挑战的21世纪的课题转变成了重大挑战——"直岛宣言"[1]。

6.2 以社会为对象的科学迅速发展

我们先来讨论一下在直岛实施的这场研讨会的大背景。

现在正值科学技术与社会关系发生变化的时候。过去,"科学→技术→用于社会(服务化)"这种线性模型很普遍。按照这一流程,即使我们在基础研究方面有了科学发现,运用到社会上一般也需要花费10年以上的时间。

不只是时间的问题,现状是与科学、技术和服务社会相关的人分别处于完全不同的共同体中,互无往来,彼此没有机会共享知识。

不过,这一状况正在发生变化。我的周围开始了一种良性循环:通过运用在各种社会服务现场收集到的数据,可以科学地理解社会。而另一方面,科学理解社会又会使新的服务成为可能。本书一直在介绍的就是这点。本书内容完全偏离了线性模型,提出了一种新模型,即科学确立、技术开发与服务社会三者并驾齐驱。

为什么会出现这种新的模型？首先，收集数据并从中发现科学的环节全部实现了自动化，因此从科学技术到服务社会的进程加快了。在以往的科学中，大学研究室完成一项工作要花1~3年（相当于研究生取得博士学位的过程），而新模型都是以日、周为周期，两者的速度有着天壤之别。

以往只有研究者才从事的"科学"，今后将逐渐面向成千上万的人。例如，有了大数据和人工智能，店铺负责人就可以利用数据自行找到提高业绩的对策。

自从任何人都可以使用检索网站之后，获取知识的速度飞速提升，而这种情况进一步发展，就将产生上述新状况。提高速度固然重要，但更重要的是，遇到具体问题时可以利用数据，立刻解决问题。

今后，我们有望利用每日在全世界的各种现场中积累的数据，与人工智能对话的同时科学且高速地解决问题。

6.3 将服务与科学融为一体的数据呈指数增长

直岛研讨会还有另外一个背景,即数据积累速度的加快。今后,随着技术的发展,计算机会越来越小。这提升了测量世界的密度和规模,还有可能提高积累并运用数据的能力。

上述状况必然会加快技术科学和服务(包括企业服务和公共服务)的融合。今后,或许会迎来科学技术和服务平等合作以促进技术革新的时代。我们称之为"服务和科学的融合"。

通过服务和科学的融合,服务推动科学的进步,科学促进服务的发展,两者共同进化,共同发展。

服务和科学共同进化的关键在于对现实世界的大数据的积累、扩大。一直以来,我们收集了 SNS 等网络人际关系信息和网站链接的相关信息,而今后我们将重点收集现实世界的数据。现实世界的数据不仅存储于计算机的数据库，并且每天都在增加。在本书介绍的可穿戴式传感器的例子中，现实世界的数据呈指数增长，增长速度大约是1年4倍。

数据规模之所以扩大，是因为数据收集对象的规模扩大了，而这同时又增加了新服务的价值。

数据规模的扩大会促进传感技术和数据收集技术的发展。并且，系统和运营成本的下降，会进一步促进数据收集规模的扩大，提高社会认知度。收集的数据一旦开始发挥作用，理解数据收集和积累价值的人也会增多，从而可以对数据收集进行积极反馈。

在共享数据的同时，服务进步和科技发展实现了共同进化，我们称之为"数据的指数增长定律"。迄今为止，有很多促进技术进步的定律，其中，"摩尔定律"格外有名，即集成电路上可容纳的元器件数目每隔18个月便会增加一倍。摩尔定律论述的是，计算机的心脏——微型芯片（集成电路）的性能和成本每年都会呈指数增长。但是，如今只看微型芯片一个硬件是片面的。今后我们应该关注的，是安置在社会各处的计算机收集和积累的社会实测数据。

从社会活动中积累的数据，在以每年 3~4 倍的速度迅速增长。"数据的指数增长定律"也许会代替摩尔定律，在近 50 年内对社会和经济的发展发挥作用。

摩尔定律使得业界（半导体行业、设备行业、材料行业、计算机行业、软件行业、金融行业）和研究所可以共享未来愿景，共同创造未来。因而近 50 年来，摩尔定律逐渐成了发展以技术为主导的社会的指导原理。

我们在这里提倡的"数据的指数增长定律"，超越了以往摩尔定律覆盖的行业，或许可以成为社会各行各业的人们共创未来的基础。

我们所收集数据的规模可以视为用来收集社会数据的集成系统的规模。也就是说，通过摩尔定律我们可以统计出容纳到 1 个芯片上的集成装置在整个社会的使用率是多少。当晶体管变成原子大小时，摩尔定律就会走向终结（关于终结时间有多种说法，早的话是 10 年~20 年以后）。另一方面，数据的指数增长定律之后仍会继续存在。它很有可能超越芯片，成为表示技术高度化全貌的定律。

6.4 重大挑战"直岛宣言"

如果可以利用大数据实现服务与科学的融合，那么应该构建一个怎样的社会呢？要想描绘出这一蓝图，服务、科学和技术这三者必须密切配合。但现状是，这三者没有机会对话。正因为如此，我们才策划了本章开篇的直岛研讨会，将这3个世界的一流专家聚集在一起，加速推进上述新动向。

我们有幸请到了一流的专家们，从2010年3月6日到8日，进行了整整两天的研讨会（主题为"服务、商业科学和新技术"，日本电子信息通信学会主办）。我们利用World Cafe等形式，让他们加深讨论，并总结了今后这三者要配合解决的5类10个重大挑战，将其命名为"直岛宣言（Naoshima Manifesto）"。

"直岛宣言"展望了大数据和应用大数据的科学技术即将开拓的未来。本章是最后一章，我们在此介绍一下"直岛宣言"。

6.5 直岛宣言

NM1 相互感知

一直以来，在设想计算机的未来蓝图时，人们经常会想到马克·维瑟提出的"ubiquitous（普适）"概念[2]，即"计算机将融入生活的各个角落"。但是，仅靠这一概念，计算机无法激发出人类的潜力。

今后，我们需要由计算机理解并鼓励"热情""共鸣"等激发人类行为的主要因素。这在直岛宣言中统称为"Affective"[3]。

NM1.1 Affective·Service

首先，提高人类的热情和共鸣的服务（称作"Affective·Service"）会愈发重要。

以往，服务的价值在于用技术代替人工作业，以减轻人的负担。而有效运用大数据的 Affective·Service 已然超越了减轻负担的范畴，甚至可以支持人类发挥个人潜力。

这需要我们进一步深化服务，不仅像以往那样单纯追求"便利"，还要理解并支持"生存意义""信念"和"梦想"。因此，基于大数据的定量人类科学将成为一项重要要素。

NM1.2 Affective·Technology

实现 Affective·Service 的技术基础是 Affective·Technology。该技术是计算机针对共鸣、热情和幸福进行理解、定量、测量、记录、分析、通信和共享的技术。要想实现 Affective·Technology，必须确立从电子学到通信、信息处理等领域的各种新技术。我们想建立这样一项技术：利用大数据理解人们所处的状况，实现社会关注点和相关性的可视化与定量化。

其中，最基本的技术便是将人类的终极目的——"幸福"定量化的技术。

NM2 合力

20 世纪是世界规模的通信网络得以建立，竞争日趋激烈的时代。另一方面，很多传统价值被视为落伍，因而备受轻视。其中也包括人们相互合作、尊敬、帮助的价值。

今后这些价值可能会通过大数据的应用,以新的形式复活。21世纪的新技术反而会强化这些被遗忘的价值。

NM2.1 灵活的组织

未来是不可测的。因此,对社会来说,组织是否有能力应对难以预测的未来至关重要。而大数据有望推动组织应对未来。我们是否可以利用大数据,打造一个灵活、强大、自律的组织呢?

20世纪初期,很多活动都是以个人和家庭为单位进行的。而100年后,基本上所有的社会活动都是以组织为单位进行的,即组织成了社会的基本单位。然而,多次有人指出,作为企业基础的阶级型组织容易僵化,适应环境变化的能力差等。在环境变化中,很难一直把焦点放在复杂但重要的问题上[4]。我们想构建一个21世纪的组织体系,让各种成员发挥各自的能力,朝着共同目标努力。

为此,我们必须重新审视那些在组织运营方面被认为是理所当然的事情。例如,我们将汇报、联络、商量的重要性作为协调组织上下的常识教给了成员。但是,有人指出,今后在此基础上,还要加上参与、联系、互助。我们致力于建立统筹个体与整体，享有共通视点的组织。大数据有可能为组织开辟一条通往科学与工学的道路。

NM2.2 组织的保健

各种各样的人跨越民族、年龄、性别、文化和能力的差异，在全球范围内相互合作——今后这点会愈发重要，但同时组织产生问题的风险也提高了。对于身体的异常，我们可以利用各种检查仪器和客观数据，同样地，对于组织存在的问题，我们能否构建一个利用数据实现科学预防、诊断和治疗，以及成员自我管理的体系？我们能否通过这种维持组织和共同体健康状态的体系，促进各类人的持续合作？我们将这一挑战称作"组织的保健"。我们通过从大量数据中导出的科学原则和反馈，努力跨越对立，推动各类人的协力合作。

NM2.3 新终身雇佣体系

大数据还可以应用于劳动和雇佣形态方面。数据应用带来的最大可能性是，会超出千篇一律的刻板数据和管理手册的限制。我们是不是可以利用忠实反映事实的数据，采取灵活的方式应对实际情况？

放到社会中，在超越刻板规定的意义上，超越退休制这种千篇一律的管理方式有着重大的冲击力。

下面举一个其他领域的例子。对于工业用的汽轮机等设备，员工需要遵守定期更换零件的死板规定。而现在可以根据有关实际工作条件和使用环境状况的大量数据，灵活地改变更换零件的频率，因而可以有效利用资产，降低成本。

同样地，关于社会人才的更替（也可视作社会体系中的一种零件更换），我们是否也可以采取更为灵活的方式呢？归根到底，我们应该构建一种体系，让有热情、能力和意愿的人工作一辈子。也就是说，我们想找寻实现新型终身雇佣制的可能性。

一直以来，劳动都被视为赚钱的手段。因此，人们一直认为，降低工作负荷、提高报酬才是对劳动者好。但是，很多科学研究表明，工作是充实感的源泉，工作挑战才是最好的报酬。伊能忠敬和葛饰北斋的例子告诉我们，挑战无关年龄。我们致力于超越旧制度，利用数据构建符合 21 世纪"知识劳动""服务""革新"的雇佣和就业体系。

NM3 悉心培育

即使是在科学技术发达的现代社会,灾害、事故、恐怖袭击、纠纷、经济波动等威胁也从未间断。而大量数据及从中发现的科学,有可能会发展为科学对抗威胁的基础设施。

NM3.1 安全的社会体系

大量数据及从中发现的科学可以预测威胁,为建立安全且更经济的社会基础设施(水、农业、气象、交通等)奠定基础。

为了推进社会基础设施中各种新技术和新方法的开发,我们需要一个实验现场来制定并验证假说。为此,我们想构筑一个国家级别的社会实验平台(验证实验的场所),通过获取大量数据并用于实验,奠定有科学依据的社会体系和服务事业的基础。

NM3.2 无国界的风险管理组织

我们需要一个能广泛收集并分析科学数据，确保世界安全以及风险管理的组织。我们暂时称之为"安全支援队"。灾害、事故和气候变化带来的损害，对世界来说是很大的风险。除了防卫，日本还有其他方法为世界安全做出贡献，并提高存在感吗？通过大量数据及从中发现的科学知识，说不定可以找到主导世界安全的道路。

NM4 科学技术的重新构建

为了在社会上应用大数据，我们必须重新构建一种与之相符的科学技术方法论。

NM4.1 人类与组织的数据存储

为了促进社会和人类科学的发展，同时作为一种社会资产，构建全人类的数据存储中心至关重要。具体的应用方法尚未确定，但是各个领域的研究者和社会改革家在使用这些数据的过程中，或许会逐渐明确其应用方法。

作为先行案例，我们用可穿戴式传感器获取了大量数据，允许在非营利研究中使用这些数据，并设立了以振兴人类科学为目的的组织——"世界信号中心"（笔者兼任中心主任）。

NM4.2 大数据应用技术的标准化主导

为了让各领域的人们都能使用（感知、解析、预测）大数据，我们必须实现应用界面等的规格化、标准化。那么，日本是否可以创造出主导世界的动向呢？再加上前面说的数据存储，如果这两项得以实现，将给社会各领域带来巨大革新。

NM5 经济的重新构建

大数据的应用还会改变我们对经济的看法。或许可以在保护自然资源（树和水）和人们的幸福感的基础上，确立新的经济评价"尺度"（经济指标）。可能也会影响人们对全球问题（南北问题等）的认识和这些问题的发展趋势。这种评价指标是不是可以超越表面的经济指标，接近其背后的限制和约束条件呢？根据这一指标，科学认识世界经状况的时代有望到来。或许可以增加为各国和个人做贡献的机会，促进世界的发展。

6.6　总结——人类旺盛的生命力

前面就是直岛宣言的 10 个项目。虽然直岛宣言是在短时间内以研讨会的形式总结出来的，但这是由来自不同领域的 32 位专家集中精力探讨得出的，包含了认识未来的重要因素。通过利用大数据的科学技术，我们可以用不同于以往的形式，科学地解决重要的社会问题。

在很大程度上，科学技术的发展和进化参考了植物的生长。植物一方面在维持自身基因，另一方面又在与环境相互作用，即兴决定自己的具体结构——其出发点就在于"种子"。"学习型组织"的泰斗彼得·圣吉先生指出："种子本身不具备树木生长所需的资源，资源存在于树木周围的生长环境中。但是，种子提供的是决定性的东西，即树木开始形成的'场所'。种子在摄取水分和营养的同时，实现了生长过程的组织化[5]。"

为了培育 21 世纪，使其成长为一棵参天大树，相当于"种子"的直岛宣言和相当于能量循环过程的数据指数增长定律，或许可以为解决复杂的社会问题提供指导。

后　记

在本书结尾之际,我想介绍一下我是如何将传感器和数据用于自己的人生的。

德鲁克指出,要成为高效的知识工作者和管理者,关键在于时间管理。具体来说,德鲁克建议详细记录并分析自己使用时间的方法,以此找到有效利用时间的方法。

他表示,重点在于实时记录:

……不是之后根据记忆来记录,而是实时记录下每时每刻。

必须持续记录时间,每个月定期查看记录结果。(中略)必须查看记录,重新探讨并制定每天的日程。半年以后,你肯定会发现自己被工作牵着鼻子走,不得不在一些琐事上浪费时间。

使用时间的方法可以通过练习得到改善。但是,如果不在时间管理方面不断努力的话，只能被工作牵着鼻子走。

（彼得·德鲁克《卓有成效的管理者》）

我本来打算按德鲁克所说的亲身实践一下，但出乎意料的是，在现实生活中很难做到实时记录。

可穿戴式姓名牌传感器解决了这个问题，堪称最强工具。姓名牌传感器可以实时记录会面、地点、环境音量、精力集中度、身体姿势、温度和亮度等信息。我根据这些详细记录，在第二天早上记录下昨天什么时间做了什么。到了周末，就可以重新审视过去2周的信息，再次探讨并制定时间利用方法。

具体来说，我根据德鲁克的观点探讨了以下3项内容。第1项，找到并排除"没必要做的工作"。第2项，找到"其他人也可以做的工作"，并让他去做。第3项，通过实际记录，发现"自己可控的自由时间"惊人地少，对这部分时间进行汇总，并将其用于可以产生重要成果的事情。

这是提高我的工作效率和人生品质的原动力。

在每天查看这些数据的过程中，我开始思考，能不能自动生成符合当日状况的建议。经过几年努力，我们已经成功研制出这一建议系统，并称之为"生活信号"[1]。我每天都在使用这个系统。它就像专门的私人随身顾问，可以随时咨询，我甚至无法想象没有它的生活。

下面简单介绍一下"生活信号"的思考方式。首先，它要用可穿戴式传感器系统地捕捉人生和生活中细微变化的征兆。人生和生活中存在连本人都察觉不到的变化，这种变化会反映在睡眠和步行时间的增减数值上。为了将这些变化提取出来，我们从传感器数据中锁定了代表生活变化的 6 个特征量，分为多于前一天和少于前一天这两类，由此得出了 64 种（2^6）生活变化的模式。经历这 64 种生活模式时，回顾一下自己当时考虑欠佳的事，然后当场记录下为自己制定的建议。这样一来，下次再经历此模式时，就可自动唤醒当时为自己制定的建议。要经历所有模式，需要几年的时间。经过长期努力，我终于构建起针对所有模式的建议系统。我建立了一个系统化的建议数据库，可以应对独一无二的人生中可能发生的所有变化（有趣的是，对我的研究内容感兴趣的人用了这一建议系统后，都非常满意）。

如此一来，我们成功开发出了名为"生活信号"的系统，可以在考虑最近生活模式变化的基础上，生成针对当日的建议。

该系统的最大特点在于，可以有效利用科学技术，提高人类从过去学习的能力。实际上，我现在写的这篇文章，也有效利用了建议，即今天"不管情况有多紧张，都要稳步前进，坚定地迈步"。我本来有些犹豫该不该写这篇后记，但还是按照建议选择了坚定前行。该系统提供的建议大大改变了我的人生。

如果只是写借助该传感器进行的生活管理及其乐趣，也需要一本书的量，我之后会写。总之，现在社会和人生与科学技术的关系正在发生变化，而且已经具体影响到了我每天的人生。之所以能写出这本书，很大程度上得益于用传感器进行的时间管理。而且传感器的使用，也大大促使了我和下面提到的朋友们相识。从这个意义上来看，本书也可以说是运用大数据创作出来的。

如果读者读了本书后,可以对目前正在发生的变化产生一些新的想法,而这些想法又能成为振兴日本的契机之一,笔者将不胜荣幸。

在诸多朋友的支持和协助下,我终于完成了这本书。在此表示衷心的感谢。

在这里无法一一列出作为测量对象的众多组织成员,如果没有他们的协助,就没有这本书的诞生。在此对他们表示衷心的感谢。其中,在呼叫中心的测量和分析方面,承蒙长谷川智之先生、金坂秀雄先生的协助;在组织改革和工作空间的适用方面,承蒙谷内田孝先生、黑田英邦先生、杉本有俊先生、佐藤直基先生的协助。在此表示感谢。

在有关幸福的共同研究中,有幸得到了美国加州大学河滨分校的索尼娅·柳博米尔斯基女士和乔·钱塞勒先生的协助;在有关心流状态的共同研究中,有幸得到了克莱蒙特大学的米哈里·契克森米哈赖先生和中村先生的协助;关于姓名牌传感器及利用该传感器在美国和德国进行的验证实验,有幸得到了麻省理工学院的桑迪·彭特兰先生、乔·帕拉迪索先生、汤姆·马龙先生、埃里克·布里涅卢福森先生、彼得·葛洛先生、石井裕先生、Sociometric Solutions 公司的本·瓦贝尔先生和丹尼尔·奥尔古因先生的协助；关于人与人之间的合作，有幸得到了IMEC 的弗兰基·卡托尔先生的协助；关于身体行为的理解，有幸得到了东京工业大学的三宅美博先生的协助；关于计算机和信息的意义，有幸得到了东京经济大学的西垣通先生的协助。在此表示由衷的感谢。

此外，直岛宣言是在荒川文男先生、荒宏视先生、伊藤晶子女士、内山邦男先生、梅室博行先生、大石基之先生、冈田健一女士、甲斐康司先生、金田康正先生、仓田成人先生、黑田忠广先生、斋藤敦子女士、樱井贵康先生、佐藤直基先生、妹尾大先生、高桥真吾先生、高安秀树先生、高安美佐子女士、竹内健先生、野村恭彦先生、西田佳史先生、滨崎利彦先生、广濑佳生先生、藤岛实先生、前田英行先生、增田直纪先生、松冈俊匡先生、安本吉雄先生、山口裕幸先生、吉本雅彦先生、鹫田祐一先生的共同努力下完成的。除了直岛宣言以外，他们在其他方面也为本书的创作提供了诸多启发,在此表示感谢。

本书介绍的研究开发项目,还得到了日立研究开发团队、事业团队以及在此无法一一列出的人们的指导和协助。现借此机会,表示对他们的感谢。其中,森胁纪彦先生、荒宏视先生、佐藤信夫先生、渡边纯一郎先生、大久保教夫先生、早川干先生、胁坂义博先生、辻聪美先生、秋富知明先生、福间晋一先生、栗山裕之先生、田中毅先生、爱木清先生、河本健先生、山下春造先生、堀井洋一先生、藤田真理奈先生与我一起推进了本书中的研究,是论文的共同作者,在这里再次表示感谢。

我们将可穿戴式传感器技术应用于多个领域,逐渐形成了本书中记述的内容。在这方面,有幸得到了大林秀仁先生、久田真佐男先生、松坂尚先生、日置范行先生、泷勉先生、须崎喜久雄先生、柴田修达先生、小野贵司先生、石桥望先生、一关阳平先生、佐藤一彦先生、浅田直行先生、竹内香织先生、荒木桂一先生、清水健太郎先生的帮助。

此外，多年以来，在与佐藤彰先生、后藤久雄先生、渡部武先生、过世的佐佐木伸先生的讨论中，我也获得了很多创作本书的启示。在此衷心地表示感谢。

在艰难的创作过程中，草思社的久保田创先生长期鼓励我，并协助我将本书修改得更加通俗易懂。在这里由衷地表示感谢。

最后感谢一直支持我并给予我灵感的妻子史子和女儿麻子、柚子。

参考文献

第1章

[1] T. Tanaka, S. Yamashita, K. Aiki, H. Kuriyama, K. Yano, Life Microscope:Continuous Daily Activity RecordingSystem with a Tiny Wireless Sensor,*2008 International Conference on Networked Sensing Systems (INSS 2008)*, pp162-165, 2008.

[2] K. Yano, The Science of HumanInteraction and Teaching, *Mind, Brain and Education*, Volume 7, Issue 1,pp19–29, March 2013.

[3] 矢野和男，渡边淳一郎，佐藤信夫，森胁纪彦. 大数据的无形之手：商业和社会现象能用科学调控吗（「ビッグデータの見えざる手：ビジネスや社会現象は科学的に制御できるか」）. 日立评论,95卷6/7号,pp432-438,2013.

[4] 笔者参考大泽文夫《大泽流 手工统计力学》(『大沢流　手づくり統計力学』名古屋大学出版会) 一书中介绍的、用粒子的移动导出玻尔兹曼分布的方法，将此方法普遍化，应用于社会行为研究方面。

第2章

[1] K. Yano, S. Lyubomirsky & J.Chancellor, Sensing happiness: Can technology make you happy? *IEEE Spectrum*, pp26-31, Dec. 2012.

[2] S. Lyubomirsky, *The how of happiness: A new approach to getting the life you want*, New York, Penguin Press（2008）(中文译本《幸福有方法——12大幸福行动，让你的幸福增加40%》——译者注)

[3] S. Lyubomirsky, K. M. Sheldon,D. Schkade, Pursuing happiness: The architecture of sustainable change,*Review of General Psychology* 2005,Vol. 9, No. 2, pp111–131.

[4] Special Issue, The value of happiness: How employee well-being drives profits, *Harvard Business Review*, January-February 2012.

[5] H. J. Wilson, Wearables in the workplace, *Harvard Business Review*,September, pp23-25, 2013.

[6] J. Watanabe, M. Fujita, K. Yano, H. Kanesaka, T. Hasegawa, Resting Time Activeness Determines Team Performance in Call Centers, *ASE/IEEE Social Informatics*, Dec. 2012.

渡边淳一郎，藤田真理奈，矢野和男，金坂秀雄，长谷川智之.定量评价呼叫中心的职场活跃度给生产力带来的影响(「コールセンタにおける職場の活発度が生産性に与える影響の定量評価」).情报处理学会论文杂志，54(4)，pp1470-1479，2013.

[7] A. Pentland, The New Science of Building Great Teams, *Harvard Business Review*, April, pp60-70, 2012.

[8] T. Akitomi, K. Ara, J. Watanabe, and K. Yano, Ferromagnetic interaction model of activity level in workplace communication, *Phys. Rev.* E 87,034801, March 2013.

[9] J. Fox, *The Myth of the Rational Market*, Harper Collins, 2009.
（中文译本《理性市场谬论：一部华尔街投资风险、收益和幻想的历史》——译者注）

第 3 章

[1] Y. Wakisaka, K. Ara, M. Hayakawa, Y. Horry, N. Moriwaki, N. Ohkubo, N. Sato, S. Tsuji, K. Yano, Beam-scan sensor node: Reliable sensing of human interactions in organization, *Proc. 6th Int. Conf.Networked Sensing Systems*, pp. 58–61, 2009.
K. Ara, N. Kanehira, D. Olguín Olguín, B.Waber, T. Kim, A. Mohan, P. Gloor, R.Laubacher, D. Oster, A. Pentland, and K.Yano. Sensible Organizations: Changing our Business and Work Styles through Sensor Data.*Journal of Information Processing*. The Information Processing Society of Japan.Vol. 16. April,2008.

[2] A. L. Barabasi, *Nature* 435, 207-211, 2005.
A.L. Barabasi, Bursts, Dutton, 2010.
（中文译本《爆发：大数据时代预见未来的新思维》——译者注）

[3] T. Nakamura, K. Kiyono, K.Yoshiuchi, R. Nakahara, Z. R. Struzik, Y.Yamamoto, Universal scaling law in human behavior organization, *Phys.Rev. Lett.*, 99, 138103, 2007.

[4] 三宅美博《关于医疗和护理服务中的环境创造与共同创新的企划调查》(「医療・介護サービスにおける場づくりと共創のイノベーションに関する企画調査」).研究开发计划"问题解决型服务科学研究开发计划"平成22年（2010年）批准项目企划调查完成报告书
野泽孝之，三宅美博.共创环境的评价.测量和控制，vol.51, no.11, pp.1064-1067（2012）

[5] 矢野和男，渡边淳一郎，佐藤信夫，森胁纪彦.大数据的无形之手：商业和社会现象能用科学调控吗(「ビッグデータの見えざる手：ビジネスや社会現象は科学的に制御できるか」).日立评论，95卷6/7号，pp432-438，2013.

[6] M. Csikszentmihalyi, *Flow: The psychology of optimal experience*, Harper & Row, New York,1990.（中文译本《当下的幸福：我们并非不快乐》——译者注）

[7] K. Ara, N. Sato, S. Tsuji, Y.Wakisaka, N. Ohkubo, Y. Horry, N.Moriwaki, K. Yano, M. Hayakawa,Predicting flow state in daily work through continuous sensing of motion rhythm, *INSS'09: Proceedings of the 6th International Conference on Networked Sensing Systems*, pp145-150, 2009.

第 4 章

[1] Lynn Wu, Benjamin N. Waber,Sinan Aral, Erik Brynjolfsson, and Alex(Sandy) Pentland, Mining Face-to-Face Interaction Networks using Sociometric Badges: Predicting Productivity in an IT Configuration Task, *Proceedings of the International Conference on Information Systems*. Paris, France.December 14-17 2008.

[2] 朱安妮塔·布朗 (Juanita Brown), 戴维·伊萨克 (David Isaacs).《世界咖啡: 咖啡对话创造未来》(『ワールド·カフェ: カフェ的会话が未来を创る』). 香取一昭, 川口大辅译, Human Value.
 (中文译本《世界咖啡: 创造集体智慧的汇谈方法》——编者注)

[3] P. F. Drucker, *Management:Tasks, responsibilities, practices*, Harper Busines, New York,1973.
 (中文译本《管理: 任务、责任和实践》——编者注)

[4] 由比利时 IMEC 的弗兰基·卡托尔 (Francky Catthoor) 教授提供的信息.

[5] 沼上干, 轻部大, 加藤俊彦, 田中一弘, 岛本实.《组织之"重": 日本企业组织的再次检查》(『组织の<重さ>: 日本的企业组织の再点检』). 日本经济新闻出版社.

第 5 章

[1] K. W. Fischer, T. R. Bidell,(2006). Dynamic development of action and thought. In W. Damon & R. M.Lerner (Eds.), *Handbook of child psychology* (6th ed.,pp. 313–399). Hoboken, NJ: Wiley.

[2] 森胁纪彦, 大久保教夫, 福间晋一, 矢野和男. 利用人类行为的大数据发现提高店铺业绩的关键 (「人间行动ビッグデータを活用した店舗业绩向上要因の発见」). 日本统计学会杂志 SeriesJ 43(1), 69-83, 2013.

[3] 矢野和男, 渡边淳一郎, 佐藤信夫, 森胁纪彦. 大数据的无形之手: 商业和社会现象能用科学调控吗 (「ビッグデータの见えざる手: ビジネスや社会现象は科学的に制御できるか」). 日立评论, 95 卷 6/7 号, pp432-438, 2013.

第 6 章

[1] 矢野和男, 广濑佳生, 竹内健, 野村恭彦. 描绘 21 世纪的科学技术与重大挑战 (「21世紀の科学技術とグランドチャレンジを描く」). 日経 Electronics, pp65-75, 2010 年 8 月.

[2] M. Weiser, The Computer for the 21st Century. *Scientific American*, September 1991.

[3] 梅室博行.《情感与品质:提供感情经验的商品与服务》(『アフェクティブ・クォリティ:感情経験を提供する商品・サービス』). 日本規格協会.

[4] G. Hamel, Moon Shots for Management, *Harvard Business Review*, pp91-96, February, 2009.

[5] P. 西克(P. センゲ).《即将出现的未来》(『出現する未来』). 高藤裕子译, 野中郁次郎监译, 讲谈社.

后记

[1] 矢野和男. 生活记录经验:传感器改变人生(「ライフログ経験:センサが人生を変える」). 信息処理, 50(7), pp624-632, 2009. 7.

出版后记

时间、幸福、运气、财富，这些我们总也无法掌控的东西，如今通过大数据分析及人工智能就可被操控。

本书中，作者利用新的传感器技术和人工智能研究了超过100万天的人类行为大数据，从中发现了提高个人能力、企业生产力和社会发展的隐秘规律。从胳膊的运动规律发现人类活动的极限，从而更有效地分配时间；通过测量幸福度，推动自己采取积极的行动提高幸福感；根据"到达度"与合适的人接触，用有质量的对话增加遇到好运的机会；让机器学习替人类解决各领域的问题，走向更加充实又富裕的新人类社会……

通过本书你会发现，人类行为与数据的关系从未如此紧密，不论是什么性格、职业，你的行为都遵循着统一的"U分布"。正如书中所说，人类行为看似受到了错综复杂的情感的支配，实际上发挥作用的却是优美的物理定律和数理法则。在人类行为方程式中，我们能够为自己的行为找到更理性的依据，从而更加智慧地提高自我能力，推动社会变革。

服务热线：133-6631-2326　　188-1142-1266
读者信箱：reader@hinabook.com

后浪出版公司
2018 年 7 月

图书在版编目（CIP）数据

人生新算法：用人工智能解读时间、幸运与财富 /（日）矢野和男著；范欣欣译. -- 南昌：江西人民出版社，2018.8

ISBN 978-7-210-10466-7

Ⅰ.①人… Ⅱ.①矢… ②范… Ⅲ.①成功心理—通俗读物 Ⅳ.①B848.4-49

中国版本图书馆CIP数据核字(2018)第119610号

Original Japanese title: DETA NO MIEZARU TE
Copyright © 2014 Kazuo Yano
Original Japanese edition published by Kazuo Yano
Simplified Chinese translation rights arranged with Kazuo Yano
through The English Agency (Japan) Ltd.and Bardon-Chinese Media Agency

版权登记号：14-2018-0110

人生新算法：用人工智能解读时间、幸运与财富

作者：[日]矢野和男　译者：范欣欣

责任编辑：冯雪松　特约编辑：方泽平　筹划出版：银杏树下

出版统筹：吴兴元　营销推广：ONEBOOK　装帧制造：墨白空间

出版发行：江西人民出版社　印刷：北京天宇万达印刷有限公司

889毫米×1194毫米　1/32　9.5印张　字数133千字

2018年8月第1版　2018年8月第1次印刷

ISBN 978-7-210-10466-7

定价：42.00元

赣版权登字——01—2018—432

后浪出版咨询(北京)有限责任公司 常年法律顾问：北京大成律师事务所　周天晖 copyright@hinabook.com
未经许可，不得以任何方式复制或抄袭本书部分或全部内容
版权所有，侵权必究
如有质量问题，请寄回印厂调换。联系电话：010-64010019